果蔬商品生产新技术丛书

提高西瓜商品性栽培技术问答

主　编
邓　云　孙德玺　祝　洁
编著者
马双武　安国林　马如海
徐小军　李卫华

金　盾　出　版　社

内 容 提 要

本书以问答的方式对如何提高西瓜商品性栽培做了精辟的解答。内容包括：品种选择，西瓜育苗技术，西瓜露地栽培、地膜覆盖栽培、小拱棚和大棚栽培技术，西瓜嫁接技术，无籽西瓜栽培和小果型西瓜栽培技术，西瓜病、虫、草害防治技术等。全书本着联系实际、服务生产的宗旨，内容丰富系统，语言通俗易懂，技术先进实用，可操作性强，便于学习和使用。

图书在版编目(CIP)数据

提高西瓜商品性栽培技术问答/邓云，孙德玺，祝洁主编．—北京：金盾出版社，2009.6

(果蔬商品生产新技术丛书)

ISBN 978-7-5082-5688-7

Ⅰ．提…　Ⅱ．①邓…②孙…③祝…　Ⅲ．西瓜—蔬果园艺—问答　Ⅳ．S651-44

中国版本图书馆 CIP 数据核字(2009)第 013738 号

金盾出版社出版、总发行

北京太平路 5 号(地铁万寿路站往南)

邮政编码：100036　电话：68214039　83219215

传真：68276683　网址：www.jdcbs.cn

封面印刷：北京印刷一厂

正文印刷：北京万博诚印刷有限公司

装订：北京万博诚印刷有限公司

各地新华书店经销

开本：850×1168 1/32　印张：6.5　字数：155 千字

2010 年 10 月第 1 版第 2 次印刷

印数：10 001～18 000 册　定价：11.00 元

目 录

一、品种的选择

二、西瓜育苗技术

三、西瓜露地栽培

六、西瓜塑料大棚栽培

七、西瓜秋延后栽培

八、优质西瓜无公害栽培

九、西瓜嫁接栽培

十、无籽西瓜栽培

十一、小果型西瓜及籽瓜栽培

十二、西瓜的采收、贮藏与加工

十三、西瓜的间作与套种

十四、西瓜主要病、虫、草害识别与防治

一、品种的选择

1. 怎样选择优良西瓜品种?

选择品种应主要考虑以下 3 方面的问题。

(1)品种的市场问题,即应根据市场的需求选用适销高效品种 一般说就地销售,以选用优质中、小果型品种为好,而长途外运则以选用大果型、耐贮运品种为宜;从销售季节来看,7~8 月份高温盛夏季节,人们通常一次性食瓜量比较大,故以销售大果型品种为好,而反季节销售,由于人们一次性食瓜量少,就应以优质中、小果型品种为宜;从销售地区看,东部沿海经济发达地区和大城市人民生活水平较高,对质量要求比较严格,因此需要品质特优的中、小果型品种,而经济欠发达地区市场常以大果型品种为多。至于具体品种则应根据销售地的市场需求和消费习惯决定,如北京及其附近地区最受消费者欢迎的品种是花皮优质中果型品种京欣 1 号,其次是黑蜜 2 号黑皮无籽西瓜品种亦被消费者认可;而上海及其附近地区市场最需要优质中、小型品种,如早佳(84-24)和袖珍小果型品种春光、早春红玉等;总之,要根据市场的不同需要,选用相应对口的品种种植,才能获得较好的经济效益。

(2)品种的适应性问题,即要根据当地生态条件、不同栽培方式以及生产单位的经济技术条件选用最适品种 农作物由于受不同生态条件的影响常可分为若干生态型品种,不同的生态型品种适宜在不同的生态环境下栽培,瓜农不可盲目选择。各地露地栽培用品种,在引种时必须先了解该品种的生态类型与适应性,然后再与本地区对照,最好先试种,否则可能因适应性差而失败。

至于保护地栽培的西瓜品种,冬春栽培的均以选用耐低温弱光和易坐瓜的优质中、小果型品种为宜，而秋季栽培的则以选用耐热、抗病性强的优质中、小果型品种为好；大果型品种的产量虽然较高，但成熟晚，价格低，销售难，一般需要谨慎选择。

(3)品种的可靠性 目前，市场上的西瓜品种很多，为了避免鱼目混珠，应广泛掌握信息，寻找可靠单位引种，通常省级以上的西瓜科研育种单位和科研育种力量较强的企业公司比较可靠，部分信誉较好且有一定育种实力的个体单位也比较可信。从未试种过且毫无把握的新品种，不宜盲目引进推广，必须经过严格的科学引种试验，获得成功后方可扩大种植面积。

2. 怎样选购优质种子？

(1)选准可靠的售种单位 首先应考虑向育种单位购种，因其种子正宗可靠，其次可向经济实力强、信誉好和具备三证的可靠单位购种，切勿从无三证的不可靠单位购种，更不要在走村串户推销种子的非法经销人手中购买，不可贪图种价便宜购进伪劣种子而上当受骗造成损失。

根据种子法规定，凡是西瓜已定为主要农作物的省、自治区、直辖市，在其省、自治区、直辖市内生产用的西瓜品种必须是经过省、自治区、直辖市或全国审定通过的品种，因此这些省、自治区、直辖市内的种瓜户购买种子时必须注意这一点。

(2)保留购种凭据 农民为了保护自己的切身利益，在播种后应把包装种子的罐或袋保存好，并留有少量种子备查(种子样品亦可由基层种子商备留)，一旦发生种子质量纠纷，即可用作鉴别样品或依据。

3. 如何鉴别西瓜种子的质量？

国家规定的种子质量标准有 4 个方面：种子纯度 95%以上、发芽率 90%以上(无籽西瓜除外)、净度 99%以上和含水量 8%以下。除了有些西瓜品种能在苗期快速鉴定出种子纯度外,一般的品种必须在大田出瓜胎或结瓜后才能看出种子纯度。种子净度可直观识别,种子含水量与发芽率密切相关,一般种子湿度大时不耐贮藏,发芽率下降较快,种子还易发霉。因此,种子质量的鉴别主要是测种子的发芽率。

种子发芽率的鉴定包括 2 个方面:一方面是种子的发芽率,即 100 粒种子的发芽粒数,可反映种子的利用率。

种子发芽率=(发芽的种子粒数/供试的种子粒数)×100%

另一方面是种子的发芽势,是指种子在规定时间内的发芽率,它用来表示西瓜种子发芽的快慢和整齐度,可反映出种子的新旧程度。

种子发芽势=(规定时间内发芽的种子粒数/供试种子粒数)×100%

从数值上看,种子的发芽势应小于种子的发芽率;但从重要性来看,种子的发芽势更能反映出种子的质量,发芽势高的种子,其发芽率就高;再者,种子发芽率的检测时间长,需要 5～7 天,而发芽势的检测时间短。所以,一般情况下,只检测发芽 1～2 天种子的发芽率,即发芽势。新种子经凉水浸种 24 小时,在 35℃条件下发芽 1～2 天,发芽率应在 90%以上。

4. 我国西瓜生产分哪些主要栽培区域以及各区域内有哪些适宜栽培品种?

西瓜栽培区的划分是根据自然生态条件相似、西瓜栽培特点类同进行的区域划分,与行政分区有所不同。

(1)华北栽培区 华北栽培区大体是指淮河以北、长城以南、甘肃以东,以华北平原为主体的广大地区,主要包括山东、北京、天津 3 个省、直辖市全部和河南(除豫南信阳等地区外)、河北(除张家口、承德地区外)、山西(除晋北、大同等地区外)、陕西(除陕南汉中等地区外)等省大部以及苏北、皖北、辽南、陇东等地。

目前,华北栽培区内种植面积最大的早熟西瓜品种是郑抗1号、郑抗2号、郑抗3号、京欣1号、开杂2号、郑抗10号、少籽巨宝等。中熟品种中栽培面积较大的有西农8号、汴杂7号、开杂5号、郑抗4号、富丰帝龙、墨玉、庆红宝、新红宝、金花宝(P_2)、金钟冠龙、8155、丰收2号、丰收3号等。河南省与北京市是本栽培区的无籽西瓜主要产区,目前的主栽品种是黑蜜5号、黑蜜2号、蜜枚1号、台湾新1号等。近年来小果型西瓜保护地栽培发展较快,以山东省面积最大,主栽品种有特小凤、早春红玉、黑美人、京秀、小天使等。

(2)西北栽培区 西北栽培区主要包括新疆的农业区、甘肃的河西走廊与兰州周围的中部地区、青海的东部农业区、宁夏的银川平原以及内蒙古西部的河套平原等地。

西北栽培区的西瓜栽培历史悠久,品种资源十分丰富,其中以普通西瓜为最多,籽瓜次之,亦有极少量的饲料西瓜。比较著名的地方品种有兰州大花皮西瓜、兰州核桃皮籽瓜(商品名兰州大板)、新疆阿克塔吾孜(精河白皮西瓜)。目前,本栽培区主要栽培的有自育品种红优2号、新优2号、金花宝(P_2)、优红宝、金城5号等;引进的品种有新红宝、金钟冠龙、聚宝1号、郑抗10号等,其中适于长途运输的优质大果型品种红优2号,是内地秋、冬季节市场供应的主要品种。

(3)东北栽培区 东北栽培区主要包括黑龙江、吉林2省及辽宁省大部(除辽南外)、内蒙古东部以及河北北部、山西北部等部分地区。目前,新红宝是东北区面积最大的主栽培品种,另外还有齐红宝、庆红宝,以及金花宝、金钟冠龙、金龙宝、郑杂5号、特甜3号、长蜜1号、齐红、龙蜜100、京欣1号、丰收2号等。

(4)长江中下游栽培区 长江中下游区主要包括湖北、湖南、江西、上海等省、直辖市和安徽、江苏(淮河以南地区)以及河南(信阳地区)、陕西(汉中地区)等省的部分地区在内的广大地区,本区是我国人口稠密、城市林立、经济比较发达的地区,也是我国水稻、棉花生产的重要产区。

根据本地区的气候特点,在西瓜品种选择时首先应考虑耐湿、抗病、生长势稳健、对肥水条件反应不敏感并易于结瓜的品种,在熟性方面以早、中熟品种为主。目前的主栽品种有早佳、京欣1号、苏蜜1号、浙蜜2号、蜜桂、皖杂1号、新红宝类型、皖杂3号等,另外还有一些无籽西瓜品种,如黑蜜2号、雪峰无籽、广西2号等。

(5)华南栽培区 华南栽培区主要包括福建、广东、广西、海南4省(自治区)。福建省常年栽培面积1.67万公顷左右,主要分布在长乐、福清、连江、建瓯、松溪、政和、建阳、平和、龙海、诏安等市、县及厦门市郊一带。目前,本栽培区的主栽品种为新红宝,其次是新澄和金钟冠龙。近年来无籽西瓜栽培面种有所增加。

(6)西南栽培区 西南栽培区主要包括四川、云南、贵州3省。它是我国六大西瓜栽培区中面积最小的一个栽培区。

当前本栽培区内的西瓜主栽品种有新红宝、川杂7号、郑杂5号、郑杂9号、金花宝等。

5. 现推广的有籽西瓜品种有哪些?其性状如何?

(1)中科1号 中国农业科学院郑州果树研究所选育。特早熟、中大果型。全生育期约83天,从坐果至果实成熟24~26天。生长势中等,极易坐瓜。果实圆正,底色深浅适中,条带细,整齐清晰,商品性极好。瓜瓤深桃红色,肉质酥脆细腻,汁多,口感风味好,中心含糖量可达12%。一般单瓜重5~6千克,采用嫁接稀植栽培时,单瓜重可达10千克。适合保护地、露地和嫁接栽培。

(2)中科2号 中国农业科学院郑州果树研究所选育。早熟、中大果型。全生育期约85天,从坐果至果实成熟28天左右。植株生长势中等，极易坐果。果实圆正，底色翠绿，条带清晰，商品性极好。瓜瓤大红鲜艳，肉质脆细，汁多，口感风味好，中心含糖量可达12%。一般单瓜重为6～7千克，采用嫁接稀植栽培时，单瓜重可达12千克以上。适合保护地、露地和嫁接栽培。

(3)中科3号 中国农业科学院郑州果树研究所选育。中早熟、大果型。全生育期约88天，从坐果至果实成熟29天左右。植株生长势健壮，极易坐瓜。果实圆正，底色翠绿，条带清晰，商品性极好。瓜瓤大红鲜艳，肉质脆细，汁多，口感风味好，中心含糖量可达12%。一般单瓜重7～10千克，最大可达15千克以上。适合保护地、露地栽培。

(4)郑抗1号 中国农业科学院郑州果树研究所选育的中早熟品种。耐重茬，高抗枯萎病。植株生长势旺盛，全生育期95天左右，果实发育期约30天。果实花皮椭圆形，瓜瓤大红，肉质多汁，中心含糖量可达12.5%以上，品种极佳。平均单瓜重6～8千克，最大15千克以上。平均每667平方米产4 300千克，最高达5 000千克以上，皮薄而韧，耐贮运。

(5)郑抗2号 中国农业科学院郑州果树研究所选育的早熟品种。耐重茬，高抗枯萎病，兼抗炭疽病。全生育期85天左右，果实发育期约28天。耐湿、易坐瓜。果实椭圆形，浅绿皮网纹，瓜瓤大红，中心含糖量11.5%左右。平均单瓜重6千克，最大可达10千克以上，每667平方米产4 000千克左右。皮薄且韧，耐贮运，适宜各种形式的早熟栽培。

(6)特大郑抗3号 中国农业科学院郑州果树研究所在原郑抗3号的基础上经过多年改良选育而成。早熟。高抗枯萎病，可重茬种植。全生育期89天左右，果实发育期约26天。植株生长势中等，极易坐瓜，果实膨大速度快。果实椭圆形，花皮，外形美观，瓜瓤大红，肉质脆沙，商品性极佳，市场好销售。果实中心含糖量可达12%，梯度小，口感风味好，品质上等。单瓜重8千克左右，一般每667平方米产4 000千克以上，高产时超过4 500千克。果皮坚韧，耐运输。

(7)郑抗6号 中国农业科学院郑州果树研究所西瓜抗病育种专家组选育的极早熟品种。全生育期82～84天，果实发育期24～25天。植株生长势中等，极易坐瓜，果实膨大速度快。果实椭圆形，花皮，外观似金钟冠龙，瓜瓤大红鲜艳，肉质脆沙，果实中心含糖量可达12%，梯度小，口感风味好，品质上等，商品性极佳。果皮薄，坚韧，耐运输。

(8)郑抗8号 中国农业科学院郑州果树研究所选育的早熟西瓜品种。果实发育期28天左右。植株生长势上中等，极易坐瓜。果实椭圆形，皮色墨绿，瓜瓤鲜红，肉质脆沙，果实中心含糖量平均达12%，品质上等。果皮薄而韧，耐贮运。一般单瓜重6～8千克，最大可达20千克。每667平方米产5 000千克左右，管理水平高时可达6 500千克。最适宜地膜覆盖早熟栽培。

(9)郑抗9号 中国农业科学院郑州果树研究所西瓜抗病育种专家组最新育成的中熟、大果型、纯黑皮、高抗枯萎病品种。全生育期100天左右，果实发育期约30天。植株生长势健壮，易坐瓜。果实椭圆形，外形美观，瓜瓤鲜红，肉质脆爽，商品性佳，市场好销售。果实中心含糖量可达12%，梯度小，品质好。单瓜重8～10千克，最大可达20千克以上。一般每667平方米产5 000千克，高产时超过6 000千克。果皮坚韧，耐运输。

(10)郑抗10号 中国农业科学院郑州果树研究所最新育成的中熟、大果型、优质、高抗枯萎病品种。全生育期100天左右，果实发育期约30天。植株生长势中等，极易坐瓜。果实椭圆形，花皮，瓜瓤大红，肉质酥脆，口感好，果实中心含糖量可达12%，品质上等，果皮薄而韧，耐运输。一般单瓜重9千克左右，最高时可达25千克，每667平方米产5 000千克左右，管理水平高时可达6 500千克。

(11)世纪春蜜　中国农业科学院郑州果树研究所选育的极早熟、中果型品种，获 2000～2001 年全国西瓜早熟品种展评“优秀新品种奖”第一名。全生育期 83 天左右，果实发育期为 23 天左右。植株生长势中下等，极易坐瓜，果实圆球形，底色浅绿有深绿色特细条带，外观非常漂亮。瓜瓤红色，肉质酥脆细嫩，口感极好，中心含糖量 12.5%左右，品质上等。平均单瓜重 3～4 千克，每 667 平方米产 3 000～3 500 千克。

(12)京欣 2 号　由北京市农林科学院蔬菜研究中心选育。早熟品种。全生育期 88～90 天，雌花开放至果实成熟需 28 天左右。生长势中等，果实圆形，绿底上有深绿色细齿条纹，有蜡粉。瓜瓤红色，脆嫩，口感好，甜度高，中心含糖量为 12%以上。皮薄，耐裂性较好。抗枯萎病，耐炭疽病，单瓜重 6～8 千克，适合保护地和露地早熟栽培。

(13)京欣 3 号　北京市农林科学院蔬菜研究中心育成的早熟品种。正常栽培时果实发育期 30 天左右，全生育期 86～88 天。平均单瓜重 3.42 千克，每 667 平方米产 2 300 千克左右，植株生长势中上等，易坐瓜。正常栽培时，雌花出现早，果实高圆形，亮绿底覆盖规则绿色窄条纹，外形美观，无霜。瓜瓤红色，中心含糖量约 9.75%，高时可达 12%以上，边缘约 7.55%，肉质脆嫩，口感好，风味佳。果皮厚度约 0.65 厘米，果皮脆。

(14) 航兴 1 号　北京市大兴区农科所育成。中早熟品种。正常栽培时全生育期 90 天左右，果实开花后 28 天左右成熟。植株生长势中等，较抗枯萎病，耐阴湿，低温弱光下坐瓜好。平均单瓜重 4～5 千克，每 667 平方米产 3 500 千克左右。正常栽培时，果实近圆形，浅绿色有条纹，有果霜，果皮韧，耐裂。瓜瓤粉红色，质脆而多汁，风味佳，中心含糖量 10%～11%。

(15)金蜜 1 号　中国农业科学院蔬菜花卉研究所育成。正常栽培时生育期春夏栽培约 100 天，夏秋栽培约 70 天，秋冬栽培及冬春保护地栽培约110天，果实发育期为32～35天。植株生长势强，坐瓜能力强，单瓜重5千克左右，每667平方米产4000～5000千克，抗病性与适应性强。果实高圆形，皮色深金色，果皮厚约1.2厘米，瓜瓤深红色，肉质细腻，味甜多汁，略带香味，中心含糖量约11%，边缘含糖量8%～10%。果皮韧，耐贮运。

(16)津花4号 天津市蔬菜研究所育成。早熟品种，正常栽培时全生育期90天，雌花开花至成熟需28天左右。单瓜平均重4.5千克，在稀植时可达7千克。每667平方米产4000千克左右。耐运输，植株生长势旺盛，低温条件下发育良好，易坐瓜。正常栽培时，节间长约12厘米，第六至第七节出现第一雌花，后间隔4～5节着生1朵雌花。果实圆形、花皮，瓜瓤红色，肉质脆，口感好，中心含糖量12%以上，皮薄而不裂，且少籽。

(17)爱耶一号 山西北方种业有限公司育成。早熟品种。正常栽培时全生育期80～90天，果实发育期28～30天。单瓜重5～7千克，最大12千克；植株生长势健壮，正常栽培时，果实近圆形、花皮，条带清晰美观；瓜瓤大红色，中心含糖量12.5%左右，最高可达13.5%，边缘为10%左右，梯度小，肉质细脆，多汁，味甘美，品质佳；瓜皮薄，可食率和商品率高，瓜皮坚韧，硬度高，抗裂果和耐贮运性好。

(18)平湖蜜瓜 浙江省平湖西瓜豆类研究所育成。中熟偏早品种，春栽果实发育期约31.8天，单瓜重5千克左右，每667平方米产2500千克左右；坐瓜性好，平均单株坐瓜1.3个，耐运性较好；田间观察枯萎病抗性及耐湿性中等，综合性状较好。正常栽培时，第七至第八片真叶处着生第一雌花，雌花间隔4～5节。果实近圆形，果形指数1.02；瓜皮墨绿色，镶嵌深色宽齿隐条纹，覆蜡粉，瓜面光滑，平均瓜皮厚1.05厘米；瓜瓤粉红色，汁液多，口感好，中心含糖量约10.5%，边缘糖含量约7.8%。适宜在浙江省作春季露地栽培。栽培上要加强后期肥水管理，防止早衰。

(19)开杂11号 河南省开封市农林科学研究所育成。中熟品种。正常栽培时全生育期94天左右，果实成熟期27天左右。单瓜重5～6千克；苗期生长势较强，分枝性中等，叶色深绿，缺刻较深，易坐瓜；主蔓长约2.6米、粗约0.8厘米；中抗枯萎病，发病率约30.6%；耐病毒病，病情指数26.9。正常栽培时，第一雌花节位6～7节，相邻雌花间隔节位5～6节。果实圆球形，瓜皮绿色，具墨绿色锯齿条带，果形指数1.05，瓜皮厚约1厘米，韧性较强，裂瓜空心率低，瓜瓤红色、质地酥脆，中心含糖量约11.5%，边缘含糖量约8.6%。种子椭圆形、黑褐色，千粒重约46克，发芽能力强。

(20)郑果5506 中国农业科学院郑州果树研究所选育。中熟品种。正常栽培时生育期100天左右，果实成熟期32天左右，单瓜重约5千克。苗期生长势较弱，较易坐瓜，分枝中等；主蔓长约2.8米、粗约1厘米。叶色灰绿，叶形掌状，叶片较大，缺刻中；抗小西葫芦黄花叶病毒病，不抗枯萎病。正常栽培时，第一雌花着生节位8～10节，相邻雌花间隔7节，单性花。果实形状椭圆，果形指数1.37；瓜皮黑色，无花纹，有蜡粉，瓜皮厚约1.2厘米，皮韧，裂瓜空心少；瓜瓤红色，肉质脆，中心含糖量约12%，边缘含糖量约10.3%；种子卵形、黑色、千粒重40克。

(21)西农8号 西北农林科技大学选育。中、晚熟品种，开花至成熟为35天左右。植株生长势强健，高抗枯萎病，兼抗炭疽病，坐瓜晚。果实花皮、椭圆形；瓜瓤浓粉，质细脆汁多，中心含糖量12%左右。单瓜重7千克左右，瓜皮坚硬，耐贮运。该品种宜作中、晚熟地膜覆盖和露地栽培。

(22)庆发8号 黑龙江省大庆市庆农西瓜研究所选育。中熟品种。从开花至果实成熟约32天，全生育期100～105天。植株生长势旺盛，分枝性中等；叶形掌状裂叶，叶色绿，最大叶长28厘米，宽26厘米。第一雌花节位5～7节，相邻雌花间隔4～6节。

果实椭圆形，果形指数1.46，瓜皮厚1～1.2厘米；瓜瓤红色，剖面均匀，纤维少，中心含糖量达12%，中心与边缘梯度较小。单瓜重7～10千克，耐贮运。

(23)美抗8号 河北省蔬菜种苗中心选育。中晚熟品种。全生育期约97天，果实发育期约35天。植株生长势强，分枝性强，坐瓜整齐、容易。第一雌花着生节位平均为11.8节，以后平均每隔6节出现1朵雌花，抗枯萎病和炭疽病。果实椭圆形，果形指数1.3，平均单瓜重5.4千克；瓜皮深绿色，上覆11～13条墨绿色条纹，瓜皮厚约1.15厘米；瓜瓤粉红色，籽少且小，中心含糖量约11.1%。适宜在河北、山西、四川、河南等省及相同生态区栽培。

(24)绿宝8号 合肥绿宝种苗公司选育。早、中熟品种。全生育期约94天，果实生育期约32天。生长势稍弱，较抗枯萎病和炭疽病。第一雌花位于主蔓8～9节(伸长节)，以后每隔5节可再出现雌花，易坐瓜，坐瓜整齐，且营养易向果实集中。果实椭圆形，绿底上有深绿色条纹，瓜皮硬，耐运输和贮存，中心含糖量一般为11.5%～12%，瓜瓤深红色。种子较大，千粒重90克左右，但商品瓜种子较小，千粒重约为75克。每667平方米一般栽培600～700株，肥水应充足，特别是坐瓜后，肥水充足，增产明显。该品种也很适合嫁接栽培和保护地栽培。

(25)丰乐5号 合肥丰乐种业股份有限公司选育。中早熟品种。田间表现为植株生长势稳健，坐瓜容易，开花至成熟约31天。果实椭圆形，单瓜重5～6千克。瓜皮墨绿色，覆盖有深色宽条带；瓜瓤红色，肉质细脆，中心含糖量12%左右，口感好。较耐枯萎病，不耐贮运。一般每667平方米产量可达4000千克。适宜作春季早熟栽培。

(26)凤光 台湾农友种苗公司选育。中早熟品种。易坐瓜，瓜形整齐。深绿皮有青黑狭条斑，果实高圆形；单瓜重6～9千克，中心含糖量11%～12%，瓜瓤大红色，肉质细嫩。高温多湿的夏季也能栽培，低温不空心，产量稳定。

(27)极品京欣 石家庄市双星农业科技有限公司选育。生长势中等，抗病力强，极易坐瓜，且低温坐瓜性强。开花至果实成熟需30天左右，一般单瓜重8～10千克。果实正圆球形；瓜皮深绿色覆黑色均匀宽条纹，外观美丽；瓜皮薄、坚韧不裂瓜；瓜瓤大红色、细甜脆爽，汁多，不空心、不倒瓤，中心含糖量约为12%。耐贮运，品质极佳。

6. 现推广的无籽西瓜品种有哪些？其特性如何？

(1)郑抗无籽1号 中国农业科学院郑州果树研究所选育的国审三倍体无籽西瓜品种(审定编号：国审菜2002031)。中晚熟，果实发育期为33天左右。生长势强，抗病、耐湿，易坐瓜，果实大，单瓜重7～8千克，普通栽培每667平方米产量为4 800～7 000千克。果实高圆形，瓜皮浅绿色底上显深绿色条带，瓜皮薄而韧；瓜瓤红色，含糖量高，中心含糖量12%以上，白秕籽小而少，无着色秕籽，剖面美观，风味好，品质优。耐贮运，易栽培，适应性广。

(2)郑抗无籽3号(花皮无籽3号) 中国农业科学院郑州果树研究所选育的国审无籽西瓜品种(审定编号：国审菜2002051)。早中熟，果实发育期约30天，生长势较强，抗病耐湿。易坐瓜，果实发育快，平均单瓜重7千克以上，每667平方米产量为5 000千克左右。果实圆球形，瓜皮为浅绿底上覆墨绿色齿状花条，外形美观；瓜皮薄而韧，瓜瓤大红色，中心含糖量12 %以上；瓜瓤质脆，白秕籽小而少，品质极佳。适应性广，全国各地的露地、保护地均可栽培，栽培时留第三或第四雌花果品质和产量最高。

(3)郑抗无籽5号 中国农业科学院郑州果树研究所选育，2005年通过国家审定。中晚熟，果实发育期32～35天，生长势较强，抗病、耐湿性好。易坐瓜，果实大，产量高，平均单瓜重8千克以上，每667平方米产量可达6 000千克以上。果实圆球形，纯黑皮，覆蜡粉，外形美观；瓜瓤鲜红色，含糖量12%以上，瓜瓤硬脆，白秕籽小、少，瓜汁液多、风味正、品质优。果实整齐度好，商品瓜率高，极耐贮运，适应性强，全国各地均宜栽培。

(4)京欣无籽1号 北京市农林科学院蔬菜研究中心选育的中早熟花皮无籽西瓜品种。果实成熟期为30～32天，全生育期为95天左右，其熟性比京欣1号晚5～6天。平均单瓜重为5.5千克，果实为圆形，绿底墨绿色条纹，有霜，外观似京欣1号；含糖量高，中心含糖量约为12.5%，边缘含糖量约为9.5%，瓜瓤红色，肉质脆嫩，口感好；瓜皮厚度1～1.2厘米，硬度为20千克/平方厘米，耐裂，贮运性能好。适合保护地或露地早熟栽培。

(5)雪峰花皮无籽(湘西瓜5号) 湖南省邵阳市农科所选育。属中熟品种，全生育期95～100天，果实成熟期35天左右。叶片为羽裂状，叶长约25厘米，叶色浓绿。第一雌花节位在主蔓8～10节，其后5～6节再现1朵雌花。中抗枯萎病，高抗炭疽病。果实高圆球形，果形指数1.06，单瓜重5～6千克；瓜皮淡绿色，上面均匀分布17条宽绿色条纹，瓜皮厚度约1.14厘米；瓜瓤桃红色，中心含糖量约12%。适宜在湖南、贵州等南方生态区栽培。

(6)湘西瓜19(洞庭3号) 岳阳市农业科学研究所选育。中晚熟黄肉无籽西瓜品种，全生育期103天左右，雌花开放至果实成熟33天左右。植株生长势强，抗逆性较强，适应性广，坐瓜率高。果实圆球形，皮色深绿，瓜瓤鲜黄色，质脆爽口，风味佳，中心含糖量在11.5%以上。平均单瓜重6千克左右，每667平方米产量高者可达4 500千克以上。

(7)金太阳无籽1号 中国农业科学院郑州果树研究所选育的中熟品种。果实圆球形，金黄色瓜皮，外形美观。瓜瓤大红色，剖面美观，中心含糖量11%以上，白秕籽小、少，肉质硬脆，耐贮运。植株抗病性强，果实整齐度和商品率高。全生育期110天左右，果实发育期30～32天，易坐瓜，产量高，平均单瓜重7千克以上，每667平方米产量超过5 000千克。

(8)翠宝5号 新疆西域集团种业公司西甜瓜研究中心选育。中晚熟品种，全生育期100天左右，开花至成熟需35～38天。果实高圆形，花皮，浅绿底覆墨绿色宽条带，瓜瓤色艳红，多汁，中心含糖量约12.5%。单瓜重5～7千克。高产，适应性广，耐贮运，抗病性强，品质优。

(9)台湾新1号 台湾农友种苗公司选育。生长势强，宜稀植，耐雨水，结瓜力较强。果型较大，果实正球形；瓜皮暗绿色，镶有青黑色条纹；瓜瓤大红色，肉质爽口，细腻多汁，中心含糖量12%左右，单瓜重8～10千克，最大可达20千克，不易空心，耐贮运，栽培时必须栽花粉品种授粉，保护地及露地栽培皆宜。

(10)广西3号 广西壮族自治区农业科学院园艺研究所选育。该品种早熟，生长势健壮，抗病力强。瓜码密，易坐瓜，授粉后28～30天成熟。瓜形一致，整齐美观，高圆形。瓜皮绿色上有清晰的深绿色宽条带花纹，皮厚1.1～1.2厘米，肉质大红色均匀一致，质地细密，清甜爽口，不空心，秕籽细而少，中心含糖量约12.5%，品质极佳，商品率高，一般单瓜重6～8千克，最大可达19.5千克。耐贮运，适应性广，南、北方均宜栽培，一般每667平方米产量为3 500～4 000千克。

7. 现推广的特色西瓜品种有哪些？其特性如何？

(1)台湾黑美人 台湾农友种苗公司选育的极早熟品种。优质，抗性强，易坐瓜，易栽培，果实发育期25天左右。果实黑皮覆盖隐暗花条带，外形光滑、饱满、美观；瓜皮厚0.8～1厘米，长椭圆形，瓜瓤深红，质脆，中心含糖量13%左右，梯度小。单瓜重2.5～3千克，一般每667平方米产量2 500千克，极耐贮运。

(2)早春翠玉 由中国农业科学院郑州果树研究所选育的特早熟、小果型、高品质新品种。全生育期约80天，果实发育期为

22天左右。植株生长势中等,易坐瓜。果实圆球形,瓜皮绿色,上有深绿色特细条带,外观秀美;瓜瓤黄色,肉质酥脆细嫩,口感风味好,果实中心含糖量13%左右,品质一流。一般单瓜重1.5千克左右。

(3)京秀 北京市农林科学院蔬菜研究中心选育。早熟品种,果实发育期26～28天,全生育期85～90天。植株生长势强,果实椭圆形,绿底色,覆锯齿形窄条带,果实外形美观。单瓜重1.5～2千克,一般每667平方米产2 500～3 000千克。果实剖面均一,无空心、白筋等;瓜瓤红色,肉质脆嫩,口感好,风味佳,少籽;中心含糖量13%以上,糖度梯度小,可适当提早上市。

(4)小天使 合肥丰乐种业股份有限公司选育。属极早熟品种,全生育期80天左右,果实发育期约24天。植株生长势稳健,分枝性偏强,低温生长性好,高温条件下坐瓜能力亦强。易坐瓜,单株坐瓜3～4个,可连续坐瓜。果实椭圆形,果形指数1.4,瓜皮鲜绿色覆盖绿色细条带;瓜瓤红色,中心含糖量13%左右,平均单瓜重2.5千克。适宜在浙江、上海等省、直辖市及相同生态区栽培。

(5)金福 湖南省瓜类研究所选育。早熟、小果型无籽西瓜新品种,全生育期86～88天。果实黄皮高圆,瓜瓤桃红色,易坐瓜,中心含糖量12%～13%,瓜皮厚度0.5厘米左右,无籽性好,口感风味极佳。植株生长势和耐病性强,单瓜重1.5～3千克,一般每667平方米产2 500～3 500千克。

(6)墨童 寿光先正达种子有限公司选育。早熟、小果型无籽西瓜新品种,该品种果实生育期春播平均29天,秋播平均27天。植株生长旺盛,分枝力、生长势和抗病性强。第一雌花节位6节。雌花间隔节位6节,易坐瓜,果实商品率96.1%,平均单瓜重2.78千克;果实圆形,表皮墨绿色有蜡粉,皮厚约0.9厘米,中心含糖量约为12.5%,剖面好,但有少量黑籽,瓜瓤大红色,纤维少,汁多味甜,质细爽口,口感好,风味佳;瓜皮硬韧,耐贮运。

二、西瓜育苗技术

1. 西瓜育苗移栽有哪些好处？

(1)延长了生育期，提早了成熟期，能充分利用生长季节 育苗是在保护地中进行的，故不受晚霜期的限制，可以提早播种，从而延长了西瓜的生育期，也提早了成熟期。

(2)集中育苗，有利于培育壮苗 苗床内幼苗集中，占地面积较小，管理方便，有利于人为地控制小气候，调节温、湿度，加强肥水管理和病、虫防治，对幼苗的生长十分有利。

(3)保证大田秧苗整齐一致 应采取营养钵育苗等保护根系的措施，大田定植方便，成活率高，可以做到一次齐苗。瓜苗定植后生长快，无缓苗期，省去了大量的田间保苗管理。

(4)可以节省种子 苗床内条件优越，种子成苗率高，可以节省约1/3的种子，尤其是对种子价格昂贵且成苗率低的无籽西瓜和小果型瓜种子来说，育苗更有意义。

(5)经济利用土地，提高瓜地复种指数 利用育苗移栽，采用间、套种可使前茬作物或套种作物生长期延长，西瓜田间生育期缩短，从而缩短西瓜间、套种共生期，提高土地利用率和单位土地收入。

2. 西瓜的育苗期如何确定？

(1)根据不同栽培条件而定 西瓜地膜覆盖栽培的直播或栽苗时间是10厘米地温稳定在15℃，日平均气温稳定在18℃。播种时间是从西瓜栽苗时间向前提前25～30天。单层大棚、大棚加小拱棚双膜、大棚加小拱棚加草苫二膜一苫保护地栽培的播种时间分别比地膜覆盖栽培的播种时间能提早 40 天、50 天、60 天。采用嫁接栽培时，育苗时间在此基础上还要再提前 8～10 天。

(2)根据天气确定播种期，尤其 1 周的天气预报很重要 对无加温设施的苗床应选择低温天过后约有 1 周的晴好天气时再播种，对有加温条件的苗床可选择低温天播种育苗，低温过后晴天出苗最好。如育苗期天气极不稳定，长期低温阴雨(雪)，可以适当推迟育苗。

3. 西瓜育苗时火炕温床如何构筑？相应的火炕育苗技术如何？(以山东枣庄市为例)

(1)建造苗床 首先挖一个东西长 4.5 米、南北宽 1.6 米、深 0.2 米的床池。同时在床池的一端挖 1 个南北长 1.3 米、东西宽 1 米、深 1.5 米的烧火坑。然后在床池底沿四周挖 0.4 米宽的沟，烧火坑一端深 0.4 米，远离烧火炕的一端深 0.2 米，南北两条沟底顺成自然斜坡。将中间土体砌成烧火坑，一端比原池底深 5 厘米，一端与所挖沟底相平的斜坡。在烧火坑一端的沟底中间挖深、宽均为 16 厘米的小沟即烧火加温火道，并沿南、北两边沟底挖向另一端，再分别向中央转折，沿中央斜面拐回烧火口一端。在烧火坑内靠苗床一面的墙上，面对床池中央的地方，向内挖一个上顶为半圆，高 0.6 米、宽 0.45 米、深 0.3 米的拱形洞。在洞的内上方，向床池中顶端火道方向挖一直径为 0.13 米的烧火道，使其与床池内火道相通，在洞中垒上火炉。将床池内火道用瓦或其他物品盖好并用泥抹严，以防漏水，填土踏实，恢复原床池底高度。中间两条火道在烧火坑一端应延伸至床外，与床墙上的烟囱连通。最后，在床池周围建造围墙，北边墙高 40 厘米，南墙高 10 厘米，东西两端为斜面墙。

(2)播前准备 苗床建造完后，苗床内排放营养钵或填上营养土进行浇水划块育苗。营养土用 2/3 未种过瓜类作物的大田土，加1/3发酵的骡马粪，或者是用过筛大田土与圈肥各一半配成。在每立方米床土中混入0.5千克尿素（或磷酸二铵），混匀后填入床内踏实，厚度为10厘米。播种前3天用温水浇透苗床，待水渗下床土不太黏时，进行划块，划成10厘米见方的土坨并在缝隙中填上细沙，然后床面盖膜，生火加温。

(3)适时播种 播种时间应根据栽培方式及所需苗龄具体掌握。一般特早熟西瓜宜于2月中旬播种。播种前进行种子浸种催芽处理。当苗床5厘米地温升至16℃以上时，可在晴天的中午前后，将处理好的种子点播到土坨或营养钵内，覆土厚度1厘米。播种后盖好薄膜，封严，夜间加盖草苫保温防寒。

(4)加温管理 播种后，保持床温30℃左右，当大部分出苗后，白天床温保持20℃～25℃，夜间15℃～20℃。破心后白天可保持22℃～28℃，夜间15℃～20℃。出苗后，草苫要早揭晚盖，增加床内光照，当真叶出现后若发现床土过干，可在晴天中午喷30℃的温水，浇水后立即盖好膜。若发现缺肥，可叶面喷洒2%的尿素水。

4. 西瓜育苗时电热温床的电热线如何布置？

电热温床育苗较容易培育壮苗，并且育苗期也较其他设施的育苗期短，一般可缩短育苗期5～10天。另外，由于电热温床的温度是受人为控制的，育苗期也较为灵活，可根据生产需要安排播种时间。但由于电热温床育苗必须有充足的电源作保证，在电源不足的地方则难以推广应用，因此电热温床育苗的应用范围受到了一定的限制。

电热温床一般宽1.5米左右，床坑深20～25厘米。挖好床坑即可布置电热线。布线前按苗床的长度和宽度计算好电热线在苗床内布线行数和间距（间距一般为8～10厘米）。以长7米、宽1.2米的苗床为例，一般选用电压220伏、电流4安培、功率800瓦、长

100 米的电热线,按布线间距平均为 8.5 厘米计算,可以布 14 行。为避免苗床四周与中间温度差异过大,幼苗生长不匀,布线时边缘两条线的间距可适当缩小,中间略加宽。布线时先在苗床两端距床壁 5 厘米处,按间距插入小木棍,木棍长 7～8 厘米,粗 1 厘米左右,露出地面 1 厘米,要插牢。然后从苗床一端开始,将电热线一头固定在木棍上,把线拉到苗床另一端,绕过两根木棍后再拉回来,这样经过多次直到布完全床。布线时必须注意将线拉直拉紧,不能交叉重叠。电热线两头引线必须留在苗床的同一端,以便接电源。布好线后即接通电源,检查通电是否正常,正常时切断电源,在线上盖土 2 厘米厚,然后排列营养钵,准备播种。有条件的地方可把电热线与控温仪配合使用,实现苗床温度的自动控制。初次使用可请电工按照使用说明书接线,以免发生意外。

5. 西瓜育苗用的营养土如何配制?

营养土一般用田土和腐熟的有机肥料配制,忌用菜园土和种过瓜类作物的土壤,营养土要求肥沃、无虫卵、无病菌、无杂草种子、疏松但移栽时不散坨。按体积计算,田土和充分腐熟的厩肥或堆肥的比例为 3∶2 或 2∶1。若用腐熟的鸡粪或人粪(干),则可按 5∶1 的比例混合。因土质和肥料质量不同,可适当调节土、肥比例。田土和有机肥在混合之前要先过筛,然后按比例掺匀。

为防止地蛆等害虫为害幼苗,在配制营养土时,应先用 90%敌百虫晶体和甲基托布津可湿性粉剂 800 倍液均匀喷在营养土上进行消毒。对营养土水分含量的要求因制作营养土坨的方法不同而异。在装塑料营养钵、纸袋、塑料薄膜筒时,对水分要求不严,但不能太湿;用棉花制钵器打土坨时,应先将营养土喷水拌湿,以制出的土坨不散为宜。

6. 西瓜育苗的营养钵怎样制作?

营养钵有塑料钵、纸筒、塑料薄膜筒等,塑料钵和塑料薄膜筒均可在商店买到。纸筒的制造方法为:先用薄铁皮做成直径7～8厘米、高10厘米的铁筒,将配好的营养土装入筒内,用裁好的报纸将铁筒卷起,再将铁筒开口一端的报纸折叠起来,使铁筒倒置,抽出铁筒,营养土即可装入袋内。无论是塑料钵、纸袋还是薄膜筒,装营养土时应松紧适度、高低一致,摆放紧密、整齐,以便于苗床的管理。

在种棉花的地方还可用棉花制钵器制营养土钵,制作方法与棉花育苗一样。用棉花制钵器制作的营养土钵较小,适合育小苗。若需育大苗,制钵器规格应为口径7厘米、高10厘米。一个床的土钵排满后,用沙土将钵间空隙填平。

7. 怎样进行西瓜种子消毒?

西瓜有很多病害可通过种子传播,因此播种前必须进行种子的消毒。消毒的方法有药剂处理、温汤浸种等。

(1)药剂处理 利用各种药剂对西瓜种子进行消毒灭菌处理。用2%～4%的漂白粉液将西瓜种子浸泡30分钟,捞出后用清水冲洗干净,可杀死种子表面的细菌;用50%的多菌灵可湿性粉剂500倍液,将西瓜种子浸泡1小时后用清水冲洗,可防止炭疽病等真菌病害;用10%的磷酸三钠溶液,浸泡西瓜种子20分钟,用水清洗干净,可钝化病毒活性,对防治西瓜花叶病毒病有一定的效果;用40%甲醛溶液150倍液浸种30分钟,可预防枯萎病和蔓枯病。

(2)温汤浸种 将西瓜种子放入55℃的温水(两份开水对一份凉水)中,不断搅拌并保持55℃15分钟,然后令其自然冷却浸种4～6小时。

(3)高温烫种 在两个容器内分别装入等量的冷水和开水，水量为准备处理种子量的3倍左右，先将种子倒入开水中，迅速搅拌3～5秒钟，然后立即倒入另一容器内的冷水中并不断搅拌使水温降至30℃左右，然后在室温下浸种3～4小时，可杀死种子表面的病原菌，烫种时速度要快，时间不能太长，以免影响种子发芽率。

(4)强光晒种 选择晴朗无风的天气，将种子摊在席或纸等物体上，厚度不超过1厘米，使其在阳光下暴晒，每隔2小时左右翻动1次，使其受光均匀。晒种时不要放在水泥板、铁板或石头等物上，以免把种子烫伤而影响发芽率。晒种除有一定的杀菌作用外，还可促进种子后熟，增强种子的活力，提高种子的发芽势和发芽率。

8. 西瓜种子怎样进行浸种?

浸种的目的是促进种皮和胚对水分的吸收，软化种皮，提高种子的呼吸强度，促进养分的分解，加速发芽。浸种时间长短与种皮的厚度和水温有关，种皮厚的大粒种子浸种时间可以长些，而种皮薄的小粒种子时间可以短些；水温高浸种时间宜短，水温低浸种时间宜长。西瓜通常用室温下的冷水(20℃左右)浸种24小时为宜，发芽早且齐。除此之外，还有以下几种浸种方法。

(1)55℃温水浸种 开水2份加凉水1份，可调成55℃的温水，不断搅拌并保持55℃水温15分钟，自然冷却后再浸种4～6小时。

(2)恒温浸种 用25℃～30℃的温水，在恒温条件下浸种6～8小时即可。

(3)药剂处理 为了提高种子的发芽率，加快发芽速度，浸种时还可以用一些药物处理种子，促进其生理活动，如可用5～10毫克/千克赤霉素，或0.1%～0.2%的硼酸或磷酸二氢钾溶液。

9. 西瓜育苗时怎样进行催芽?

种子催芽是指通过人工控制创造适宜的温、湿度条件,促使种子快速萌发的过程。据试验,环境温度在15℃～30℃条件下,种子发芽速度随温度升高而增快。常用催芽方法主要有以下几种。

(1)恒温箱催芽法 科研单位或有条件的生产单位一般用有自动控温、调湿装置的恒温培养箱进行种子催芽。催芽时将温度控制装置调到适当位置,使箱内温度保持28℃～30℃恒温。将湿纱布或毛巾平铺在盘上,种子平摊到布上,要注意厚度均匀,上面再盖1～3层湿布,将盘放入箱架上,进行恒温催芽。每天要将种子取出1～2次,用清洁温水冲洗,沥干后重新放回。一般24小时后开始出芽,2～3天基本出齐。

(2)电灯催芽 用一水桶或小缸,内加10厘米左右深的水,在距水面8～10厘米高处,用8号铁丝做一支架或用两块与容器内径相等的木板、竹片支成十字形支架,将一个40～60瓦的电灯泡固定在支架上,为安全起见最好用防水灯头,并注意保持线路各部位的绝缘性,操作时亦需小心勿使电灯、线路与水接触。在距桶或缸口10厘米左右处再做一支架,支架上摆一平盘,铺好湿布放上种子,用湿布盖好。用塑料布将桶或缸口捆好盖严密封。在桶口中央插入一支温度计,接通电源待桶内温度升至28℃～32℃时即关掉电源。有条件者也可在线路中安装一个自动控温器保持桶内恒温。每天淘洗种子1～2次,一般2～3天芽可出齐。

(3)暖水瓶催芽 将做完浸种处理的种子用湿布包好,外面再包一层塑料布,包的大小以能顺利放入瓶口为宜。取一保温性能好的暖水瓶,加入瓶内体积1/2的32℃温水,将种子包用绳捆好放入暖水瓶中,距水面3～5厘米,将绳另一端固定在暖瓶把上,盖紧瓶塞进行催芽。普通暖瓶每个瓶内放置的种子数量不宜超过100克,以免影响催芽效果。瓶中温水一般6～12小时换1次,每天将种子用温水淘洗 1 次，24～36 小时后即可开始出芽，芽出齐后取出播种。

此外，还可用火炕、人体体温、电热褥、炉火、发酵厩肥等作热源催芽。

10. 西瓜种子催芽时应注意哪些问题？

第一，催芽布不要过密或过稀，过密不透气，易烂芽；过稀不保湿且芽易穿布生长，不易取下或造成断芽。

第二，催芽温度不能过高或过低，催芽过程中要勤观察并经常调整，发现问题及时解决。

第三，温度不要过高，注意通气以加速萌发，浸种时间不宜过长，种子上的水分也应沥干。

第四，种子出芽长度以露白为度，最长不要超过 3 毫米，芽过长易折伤。出芽不整齐时，可先将已出芽的种子播种，或挑出用湿布包好放在 10℃～15℃条件下暂存，待种子基本出齐后再一起播种。

第五，催芽过程中要经常翻动种子，使种子均匀受热并增加透气性，发现种包发黏或有酸味时应及时用温水清洗。

11. 西瓜种子催芽时常见问题及其原因有哪些？

(1)种皮裂口 即种仁吸水过分膨胀，种皮涨开。产生的原因是：①浸种时间过长，发生浆种。②浸种温度过高，产生烫种。③催芽温度过高，产生烫种。④陈种子。

(2)种芽黄尖 产生原因是：①浸种时间过短或催芽保湿不好，缺水，应进行喷水处理。②催芽温度偏高。③陈种子。

(3)发芽不整齐 产生原因是：①种皮过大或有漂浮，浸种不均匀。②品种原因，如早花、短蔓等品种种子出芽一般都不整齐。③陈种子。

(4)种皮发黏发酸 产生原因是：①采种时未经酸化处理，种皮附着物多。②催芽包过湿、过严或过大，透气不良。③发芽温度偏高。

12. 怎样确定西瓜育苗的播种量及苗床面积？

西瓜种子适宜播种量一般由栽培品种的种子大小（千粒重）、种子发芽率、栽培密度（株、行距）和每穴播种粒数共同决定。可参考下列公式：

$$\text{每 667 平方米用种量(克)} = \frac{\text{每 667 平方米株数} \times \text{每穴播种粒数}}{\text{每克种子粒数} \times \text{种子发芽率}} \times 120\%$$

西瓜栽培的行距和株距确定后，即可计算出每 667 平方米的株数；考虑到大田直播时发芽率受土壤、播种深度和虫害、鼠害等影响，直播的出苗率和成苗率均低于育苗苗床，为保证苗齐、苗壮，一般每穴播种粒数应为 3～4 粒种子；每克种子粒数和种子发芽率可通过试验测得；乘以 120%的系数是在实际操作中留 20%预备苗作为保险系数。根据生产条件的不同也可适当增减调整。

每 667 平方米大田栽培育苗所需准备的苗床面积可参考下式计算：

$$\text{每 667 平方米大田栽培所需苗床面积(平方米)} = \frac{\text{每 667 平方米定植株数} + \text{预备苗株数}}{\text{每平方米育苗数}}$$

每 667 平方米大田定植株数计算仍可根据栽培密度的株距、行距求得；预备苗保险系数可根据各地育苗和大田生产的实际情况确定，一般可为实际定植所需株数的 20%～30%；每平方米育苗数一般取决于营养钵上口的口径；此外，考虑到当苗床面积较小时，边行的温度，光照情况较差，为保证移栽苗的健壮整齐，苗床面积还可再增加 10%左右。

13. 西瓜育苗时怎样进行播种?

播种前,应浇足底水,选晴天上午播种。播种时,先在营养钵中间扎1个1厘米深的小孔,再将种子平放在营养钵上,胚根向下放在小孔内,每钵放1粒发芽种子,边播种边盖营养土,盖土厚度一般为1～1.5厘米,小粒种子覆土薄些,大粒种子覆土厚些。播完一床后,在床面撒少量用90%敌百虫晶体800倍液拌好的麸子,以毒杀蝼蛄。

播种时应注意以下几点:一是播种时床土的湿度要适宜,若底墒不足,则应先浇足底水。尤其是火炕和电热温床育苗,由于温度较高,水分蒸发很快,若底墒不足,则容易烤干种芽。二是覆土厚度要适宜。太厚出苗迟缓,苗弱,甚至造成烂种;太薄则易发生带壳出土现象。

14. 西瓜出苗时怎样进行苗床管理?

(1)及时检查 西瓜催芽播种后5～7天可以出苗,干籽直播后8～10天可以出苗,达到预定天数若不出苗,就要及时进行苗床检查,是否床温过低、床土过干或有无烧苗现象,发现问题应及时解决。

(2)揭膜及覆水 瓜芽出土80%时即可揭去苗床上面所盖的地膜,以防烤苗或徒长。瓜芽出土时苗床土太干或太湿顶块,都会引起芽根暴露干死,影响成活和其他种子出苗,应及时喷水将表土压实,或将土块揉碎重新将幼苗盖好。

(3)去"帽" 由于覆土过薄、过干、颗粒过粗,或由于品种原因都可能使种子带种壳出土,子叶不能正常展开进行光合作用,导致幼苗饿死或生长缓慢,应在刚揭膜、覆水后或每天早晨通风前苗床土湿润时及时去"帽"。去"帽"时用双指沿种壳平面方向将种皮捏开后去掉,为防将苗拔起,左手可适当捏住瓜芽下胚轴固定。

(4)适当通风 为保证出苗，出苗前苗床一般不通风，保持较高的床温和湿度，而高温高湿最有利于瓜苗的徒长，因此瓜苗大部分出土后应适当对苗床通风，降温降湿，控制徒长，减少病害。同时，又要保持一定的苗床温、湿度，保证未出土的瓜苗继续出土。

15. 西瓜苗期苗床如何管理?

(1)温度管理 温度管理应掌握两高两低的原则。①幼苗出土前温度要高，白天不放风，床温控制在28℃～32℃，如晴天床温过高，可加盖草帘遮阳降温。夜间加盖草帘的苗床，草帘早晨应晚揭，日落前早盖。②瓜苗开始出土(弯脖)至幼苗露心这一段时间，要适当降低苗床温度，防止幼苗徒长形成高脚苗，白天温度应掌握在22℃～25℃，夜间保持12℃～14℃。一般80%以上幼苗出土时开始放风，放风时应顺风向开口，风口的大小、通风时间的长短应由小到大、由短到长逐步进行，切忌突然大量通风。晴天中午应适当加大放风量。草帘应早揭晚盖。③第一片真叶展开后，应适当提高床温，控制在28℃～30℃比较合适，以加快幼苗生长；随着幼苗的生长和外界气温的上升，通风口应逐渐加大，通风时间也相应加长，这段时间要防止“闪苗”和“烤苗”。“闪苗”是由于放风量急剧加大或寒风侵入苗床所引起的寒害；“烤苗”是因床温过高所产生的对叶片的烧伤现象。④在定植前1周，要降低棚内温度进行炼苗，炼苗时间由短逐渐加长，使幼苗逐渐适应定植后的环境条件，有利于定植后缓苗。在育苗过程中还应注意天气变化，防止寒流侵袭，在寒流到来之前应做好防寒保温工作。

(2)肥水管理 西瓜苗期对水分较为敏感，为防止幼苗徒长，在浇足底水的情况下，苗期应严格控制浇水。出苗前不浇水，第一片真叶展开前尽量不浇水，若中午叶片萎蔫，则可喷少量温水。电热温床和火炕温床由于失水快，应根据床土湿度及时补充水分，最好浇温水。一旦缺水，幼苗生长缓慢，真叶发黑变小，育苗时间就要延长。浇水时要防止大揭大浇，应随揭随浇随盖。在瓜苗生长过程中，如发现缺肥现象，可结合浇水进行少量施肥，一般用0.1%～0.2%尿素水浇施，还可用0.2%磷酸二氢钾溶液进行喷洒。

(3)光照管理 光照是幼苗生长必不可少的条件之一。光照充足，幼苗叶色浓绿、生长健壮、抗性强；光照不足时，幼苗叶色发黄、脚高而弱，抗病性差。为保证有充足的光照，在不影响保温的情况下，应早揭、晚盖草帘；在阴雨天，若床温不低于16℃时也应将草帘揭开，或采取隔一揭一草帘的方法，使幼苗更多地接受散射光。同时，要保持棚膜的清洁，增加透光度。

(4)其他管理 在苗期适当进行中耕松土，既可以消灭苗床杂草，又可以增加土壤中的空气含量，提高土壤透气性，促进根系生长。在苗出全后可进行第一次中耕，深度约1厘米，切勿过深伤根，其主要目的是填补床面的裂缝。当幼苗破心时再中耕1次，以后根据实际情况再中耕1～2次。中耕一般在浇水后1～2天进行。

(5)病虫害防治 苗期的主要病害有猝倒病、炭疽病等；虫害有蚜虫、种蝇、蝼蛄等。病害应采取预防措施，在管理上主要是控制苗床温、湿度，并定期喷洒药剂。一般出苗后喷2～3次70%甲基托布津或杀菌王可湿性粉剂600～800倍液。在苗床浇水后播种前床面喷洒90%敌百虫晶体800倍液1次，可有效防治种蝇和蝼蛄为害。蚜虫可在苗床通风后叶面喷洒40%乐果乳油800倍液和10%的吡虫啉1 000倍液防治。

16. 西瓜育苗期间遇到不良天气时应怎么办？

经常关注天气预报，降温前要适当降低苗床温度、湿度，控制瓜苗徒长，提高瓜苗抗逆性。降温前苗床一定不要浇水或浇大水，防止低温高湿条件下瓜苗猝倒病的严重发生。

连阴天气温下降时，应尽量多地揭开草帘，使瓜苗有一定的见光时间，切不可连续几天不揭草帘。否则，晴天后突然揭草帘，瓜苗会萎蔫死亡。当然，揭草帘应在外界温度较高时进行。对于有加温设备的苗床，床温应控制比晴天低 3℃～4℃，切不可在阴天加温过高，造成瓜苗徒长。阳畦育苗无加温设备，要增加覆盖物保温。

降雪天气要盖好草帘，雪停后要立即扫雪，以保持草帘干燥，并及时揭开草帘使瓜苗见光。

下雨天为防止草帘淋湿而降低保温作用，最好在草帘上再覆盖一层塑料薄膜。白天气温较高时，揭开草帘；如夜间有降温可能，还要盖上草帘，以防冻害。

另外，连阴天或雨天过后，天气突然转晴，应当逐渐增加瓜苗的见光时间。第一次揭开草帘后，要对瓜苗仔细观察，如果瓜苗有萎蔫现象，应适当盖帘遮荫，待瓜苗恢复正常后再揭去草帘。这样反复进行，直到瓜苗不再萎蔫为止。

17. 西瓜壮苗的标准是什么？

西瓜育苗阶段是植株生长发育的基础时期，培育壮苗是形成质量好、数量多的雌花，以至最终达到西瓜丰产的关键。明确什么样的瓜苗是壮苗，对指导育苗阶段的各项操作十分重要。壮苗标准可以有形态、解剖和生理 3 个层次的标准。形态上壮苗表现为生长稳健，茎叶粗壮，下胚轴短粗，子叶平展、肥厚，叶柄短，叶色浓绿，根系舒展、发育适度、表面白嫩；解剖上壮苗表现为组织排列紧凑，机械保护组织发达；生理上壮苗表现为组织含水量较低，干物质含量较高，细胞液浓度和含糖量较高。具备以上特性的西瓜壮苗，植株耐旱、耐寒，适应性强，具有较高的生理活性，移栽定植后缓苗快。

也有专家通过量化的形式来确定西瓜的壮苗标准：子叶宽厚，其纵径与横径之比为 1.53 左右，子叶色深绿，不脱落；有展开的真叶3～4片，叶片肥厚、色深、蜡粉多、茸毛浓密，叶柄粗短，色深；茎粗节短，下胚轴不徒长，下胚轴的长、粗比值平均为12左右，茎节长短适中，不徒长，不老化；根系发育良好，且保持完整，有侧根2～3次，育苗土内根系多。

18. 西瓜幼苗带壳出土(又称“戴帽苗”)的原因及防止方法有哪些?

西瓜带壳出土较常见的原因有：①播种过浅，表土过干时，种子受到的土壤作用力不够，种皮往往尚未脱落时就随子叶出土，形成“戴帽苗”。②播种时种子的摆放姿势不正确，竖放或侧放的种子，由于种子在出土过程中受到的土壤阻力较小，种皮不易脱落而随子叶一起出土，故竖放或侧放种子较易形成“戴帽苗”。平放的种子较少出现“戴帽苗”。

出现“戴帽苗”时要及时采取措施使种皮脱离子叶。如果在种子刚顶土时或个别种子出土时发现种皮也露出地面，应及时向畦面撒一层细湿土，帮助脱壳。如果发现苗床表土偏干，应在撒土前先向畦面喷温水，湿透表土后再撒土。如果发现“戴帽苗”已出土，应在种皮湿润时，用双手轻轻地将种皮从子叶上剥离。如果种壳已发干，应先用喷雾器喷水，待种壳变软后再进行剥离。

19. 西瓜苗期生理性病害发生的原因及防治措施有哪些?

(1)僵　苗

症状表现：幼苗生长弱小，展叶慢，新生叶叶色灰绿，叶片增厚，皱缩扭曲，组织僵硬。

发生原因：①苗床温度低，特别是土壤温度低，不能满足西瓜根系对温度的要求。②苗床土壤黏重，土壤含水量过高，通风不良。③营养土配制不当，苗床或种植穴施用未经腐熟或未充分掺匀的有机肥引起烧根，或使用化肥过多，或化肥施用的距离离根部较近，土壤溶液浓度较高而伤根。④幼苗素质差，定植时苗龄过长、纤细，起苗时伤根过多，整地、定植操作粗糙，根部架空，根与土壤没有紧密接触，根系发育不良。⑤没有处理土壤，地下害虫为害根系，导致地上部分生长缓慢。

防治措施：①选择疏松、通气性较好的非瓜田菜地表土作为营养土。②改善育苗环境，采取温室育苗或阳畦育苗。③苗床使用充分腐熟的有机肥或叶面喷肥。④适时适量浇水，以免降低苗床温度，不利于根系生长。⑤定植时采用高畦深沟，加强排水，适当穴施充分腐熟的有机肥、油渣、豆饼、复合肥，促进根系生长。⑥移栽前注意炼苗，要带药、带肥、带土进大田。⑦适时定植，苗龄在30～35天，嫁接苗40～45天。⑧防止地下害虫为害。

(2)徒 长 苗

症状表现：西瓜苗生长过于旺盛，出现徒长；表现为节间伸长，叶柄和叶身变长，叶色淡绿，叶片较薄，组织柔嫩。

发生原因：西瓜苗床光照不足，温度过高，湿度过大，易出现徒长苗。徒长苗抗逆性较差，易发生冻害。

防治措施：合理调节光、温、湿，苗床温度采取分段管理，适当通风、降湿、增加光照，控制好温度，避免温度过高。

(3)细 弱 苗

症状表现：西瓜幼苗的子叶、真叶小，叶片色淡皱缩，茎蔓细弱。

发生原因：①育苗条件差，根系发育不良。②缺肥。

防治措施：①改善育苗条件，采用营养钵温室育苗。②营养土配制时，每立方米表土加入充分腐熟的有机肥50千克、三元复合肥250克。③适时喷施叶面肥，每隔7天喷1次0.2%的磷酸二氢钾溶液。

(4)沤　根

症状表现：主要发生在苗床或直播西瓜幼苗的根、茎部。发病时，根部变褐色腐烂；子叶和新叶变薄，呈黄褐色或乳黄色，叶缘焦枯，地上部萎蔫，焦枯严重时，成片干枯；病苗没有根毛，主根和须根变褐腐烂。

发生原因：①土壤湿度大。②土壤通透性差，施肥不当。

防治措施：①采取快速育苗，如营养钵温室育苗。②育苗地选择在地势高燥，背风向阳、排灌方便的地方。③播种时严格消毒。④做好土壤处理。⑤注意土壤湿度。

(5)封　顶

症状表现：西瓜幼苗生长点退化，不能正常抽生新叶，只有2片子叶，有的虽能形成1～2片真叶，但叶片萎缩，没有生长点。

发生原因：①陈种子生活力低。②低温，幼苗生长点附近有水珠。

防治措施：①选用发芽势强的新种子。②加强苗床温度管理，及时通风，降低温度。③购买无滴膜，防止滴水。

三、西瓜露地栽培

1. 不同类型土壤栽培西瓜应注意哪些问题?

西瓜根系发达,耐旱,耐贫瘠,对土壤的适应性强。但西瓜根系生长需要较高的土温,需要一定的空气含氧量,不耐水涝,故最适宜种植西瓜的土壤是土质疏松、有一定保水保肥能力的砂壤土。砂壤土的通透性好,春季升温快,有利于西瓜根系的发育伸展,栽培西瓜发苗快,果实易早熟,品质好。特殊土壤种西瓜时还应采取不同的管理措施。

(1)沙土地 虽然通透性好,但保水保肥能力相对较差,会表现出肥水忽高忽低现象;生长后期植株易因肥水供应不足而出现早衰,当管理跟不上时较难获得高产。应选择早熟、易坐瓜、耐裂瓜品种栽培。

(2)黏土地 通透性较差,春季地温回升慢,幼苗早期生长缓慢,不发苗,但保水保肥能力强,土壤有后劲,植株生长健壮,果实成熟较晚且产量较高。应选择中晚熟、高产或无籽西瓜品种栽培。

(3)重茬地 土壤中枯萎病等土传性病害较重,西瓜生长需要的营养成分相对匮乏,会影响西瓜栽培的产量和品质。应选用抗重茬品种,多施有机肥,加强病虫害防治。

(4)新开垦土地 应注意深翻土地,增加耕层土壤深度,注意增施有机肥,前期适当追施氮肥。荒地一般无灌溉条件,人力物力许可时,应修建水利设施,保证生长后期果实膨大对肥水的需要。

(5)盐碱地 育苗移栽后要及时浇透水,以减轻返碱伤苗。直播时也需在播前浇透水,播后畦面盖草,若用地膜覆盖栽培对减轻盐害影响的效果更好。土壤含盐量较高时,可在种植穴处客土做瓜墩，形成局部低盐土以利于瓜苗生长。另外，盐碱地苗期应经常锄地松土，以减轻水分蒸发引起的返碱现象。

(6)丘陵山地 在瓜穴附近可局部挖沟深翻50厘米左右，在定植沟中施有机肥，增加耕层深度，提高土壤保水保肥能力。采取露地或窄膜覆盖直播育苗，以提高植株的抗旱能力，轻度整枝，以扩大植株营养面积，坐瓜后用草、叶盖瓜等措施。另外，若选择在靠近树林、村庄、道路和场院等地方种植西瓜，应注意虫害、鼠害、鸟害、尘害等的防治。

2. 西瓜的需肥特点有哪些？

西瓜的需肥特点和其他作物一样，西瓜正常生长发育所必需的矿质营养元素也是氮、磷、钾和一些中、微量元素，但在吸收时期和数量上有其自身特点。据研究，在西瓜的整个生育期内，对钾的吸收量最多，氮次之，磷最少，氮、磷、钾三者的比例大致为3.4∶1∶4.6，且各生育期对养分的吸收差距较大。

第一，西瓜苗期、团棵期以营养生长为主，根系生长快，促进幼苗快速生长，不断扩大茎叶面积，促进光合作用，相对吸收氮素较多。抽蔓期是植株奠定营养体系的主要时期，因此对氮、磷、钾三元素的吸收也随之增加，但这一时期的吸收量仍以氮为最多。

第二，西瓜开花结果期茎叶生长更为旺盛，但由于要开花、坐瓜，故对磷、钾的吸收有所增多，氮则相对减少。本期应注意控制氮肥的施用，否则会造成营养生长过旺，不利于坐瓜。

第三，果实膨大至成熟期果实的生长速度加快，对养分的吸收量也骤增，尤其对钾的吸收量需求更大，以此来促进碳水化合物的转化、运输和贮藏。钾的充分供应有利于果实品质的提高，这一时期，对氮肥的施用不可过量，否则会降低糖分含量，影响果实品质。

3. 氮、磷、钾对西瓜生长有哪些影响?

氮是构成叶绿素的主要成分,增施氮肥能提高西瓜叶片中叶绿素的含量,加速植株的茎、叶生长,提高植株光合作用能力,有利于果实膨大,提高产量。在合理施氮范围内时,西瓜产量可因氮肥量增加而提高。植株缺氮时表现出生长缓慢,个体偏小,叶色变黄。但氮肥过量则引起植株徒长,坐瓜困难,果实成熟期延迟,果实含糖量下降。

磷在植株体内能参与细胞分裂、能量代谢、糖分转化等多种重要生理活动,增施磷肥可促进西瓜根系发达,提高幼苗抗逆性,增加果实中糖分积累。

钾肥可增强植株的抗性,改善植物的营养疏导能力,促进植株生长健壮,改善果实品质。增施钾肥对提高果实含糖量,促进瓜瓤着色,提高植株抗病性有明显的效果。同时,若增加钾肥施用量,能增加西瓜对氮、磷的吸收利用率。如在施氮量一定的情况下,增施钾肥会提高西瓜的产量;但在施钾量一定条件下,过量增施氮肥则会降低产量。由此表明,在生产中增加氮肥施用量时,应相应提升钾肥的施用量,这样才能有良好的增产效果。

4. 西瓜基肥的施用量如何确定?

西瓜基肥的施用量应考虑植株需肥特点、气候条件、土质肥力、品种熟性等情况。土壤中的氮、磷、钾和土壤有机质含量最好能经分析测定来加以定量了解。一般北方中等肥力土壤的每 667 平方米耕层土中(30 厘米深土层)含氮 2～3 千克,磷 1 千克,钾 5～7 千克。由于中、晚熟大果型品种对肥料需求量大,沙质土壤漏水漏肥,土壤中有机质含量低、肥力差时均需要增加基肥用量。北方基肥一般每 667 平方米施厩肥 3～5 立方米或 1 000～1 500 千克粪干,另加磷酸二铵 35 千克和 10～15 千克硫酸钾作基肥,基肥施用数量按有效营养成分计应占总施肥量的50%～60%，施用方法多为耕层土壤深施。南方施基肥数量较北方少，一般占总施用量的30%左右，多为速效性肥料与厩肥、饼肥等有机肥混施，也有每667平方米单用2 000～3 000千克粪稀作基肥的，施肥深度也较浅。

5. 怎样确定西瓜的栽培密度?

西瓜栽培密度的大小跟西瓜的果实产量有着直接关系。在一定范围内单位面积上种植西瓜的株数增加，结瓜数量与产量也会随之增加。反之，减少单位面积的西瓜栽培株数，结瓜数量和总产量则会下降。确定西瓜合理的栽培密度应根据当地气候条件、品种的生长势、土壤肥力状况、整枝方式、栽培管理水平等综合考虑。

北方多旱与干燥气候区，生长季节降雨量偏少，温度、日照条件好，植株生长易于控制，中熟品种一般每667平方米栽700～800株。南方多湿气候区，降雨多，植株生长势旺难控制，中熟品种一般每667平方米栽400～600株。早熟品种生长势弱，易坐瓜，宜密植；晚熟品种宜稀植。同一地区，生长势强的品种一般应比生长势偏弱的品种密度减少20%～30%。同一品种，在地力好的地块栽培应比地力差的地块种植密度减少1/3左右。

另外，由于西瓜枝蔓分枝能力强，营养生长量大，整枝方式与种植密度关系密切。同样条件下，整枝栽培的密度大于放任栽培，单蔓整枝的密度大于多蔓整枝。

6. 西瓜栽培时如何做畦?

西瓜栽培时做畦的目的首先是为了有利于瓜田进行灌溉和排水管理，保证土壤水分含量保持在适宜范围，促进植株正常生长。其次是为了集中肥水管理，提高肥水的利用率。根据畦面与地平面的位置不同一般可分为3种类型：平畦（畦面与地表面平，畦两边起垄便于浇水)、高畦(畦面高于地表面,也叫垄畦,分宽畦和窄畦两种)和低畦(畦面低于地表面,也叫低畦或沟畦)。

华北多旱气候区,西瓜栽培的前期和中期(4～6 月份)降雨少,雨量小,生长后期(7～8 月份)为雨季,降雨较多,有些年份和地区可能出现暴雨涝灾现象,一般应做成平畦,畦两边起垄,方便灌溉。

西北干燥气候区,在生长季中降雨很少,地表和叶面的蒸发量很大,有无灌溉条件是能否种植作物的关键,做畦方式主要考虑减少蒸发,有利于灌溉的需要,一般采用畦面较地表略低的低畦栽培西瓜,以满足西瓜生长对水分的需求。

我国长江中下游多湿气候区,西瓜生长季降雨多,雨量大,做畦主要以有利于排除积水为原则,也需要适当兼顾生长后期的伏旱补充浇水问题,一般采用深沟、高畦形式,分宽、窄两种。做法是:宽畦面宽 4 米左右,畦面两侧种植西瓜,瓜蔓向畦面中央伸展,畦面中间可间作小麦;或在畦面中间种植西瓜,瓜蔓向畦面两侧伸展。窄畦面宽 2 米左右,两个畦为一组,在畦面一侧种植西瓜,瓜蔓向畦面中部伸展,并相互跨过两畦之间的排水沟,延伸到另一畦面。

无论采用哪种畦面类型,畦两侧均应挖有 30 厘米深的排水沟,并与瓜田四周的排水沟(深约 50 厘米)相通,以便于排除田间积水,降低畦面地下水位,同时后期干旱时,也可利用这些排水沟进行瓜田灌溉。

同一地区,土质不同做畦也应有区别,沙土地升温快,易旱,可采用低畦;黏土地升温慢,易积水,可采用高畦。

7. 西瓜露地直播的操作要点有哪些?

西瓜露地直播是将种子按一定株、行距直接播种到土壤中,能节约育苗的设施、人力和资金投入,降低生产成本,适于在土质疏松、春季日照充足、地温回升快的华北、西北西瓜产区应用。另外，直播西瓜主根入土深，抗旱能力较育苗移栽的植株强，侧枝分生能力相对较小，也是旱地或抗旱西瓜大面积栽培的关键措施。

根据种子是否催芽，直播还可分干籽直播和催芽直播两种。直播的播种期应根据10厘米地温稳定在15℃，露地直播还应要求当地终霜期已过。具体操作方法如下：在畦面上挖约1厘米深的穴，放入3～4粒种子或种芽后覆土。覆土深度依种子大小、土质和墒情而定，大种子、砂壤土或底墒差的应覆土略深，反之则浅，一般厚度在2～3厘米。干籽播种后7～10天即可出苗，遇低温或墒情不好会推迟出苗；催芽直播后5～7天即可出苗，出苗早，但遇长时间低温高湿易引起烂芽，遇墒情不好会引起干芽，出苗率反而不如干籽，所以生产上直播一般以干籽较常用。大田直播的技术要领为：土地深翻、平整、做畦要细；土壤含水量不宜过低，底墒差时先浇透水再播种；播种深度要做到均匀一致；种穴洒施杀虫药剂。为防止种子缺墒、低温出苗差或戴帽出土，可采用浅播覆土的方法，做法是：在浅播后于播种穴上用湿土堆一个5～7厘米高的土堆，播后5天检查发现种子开始弯脖顶土时，除去深覆的土堆，使幼芽尽快出土即可。

8. 西瓜露地直播苗的管理要点有哪些？

直播苗由于幼苗生长的环境条件不如育苗苗床，播种深度也难以完全保持一致，因此瓜苗生长往往出现缺苗和强弱不一等现象，所以苗期管理更为重要，管理目标是使瓜苗尽量全、齐、壮。

直播苗的整地做畦应比育苗移栽更加精细，减少地力差异。播种也要尽力做到整齐准确，减少人为差异。发现有缺苗断垄时，应及时催芽直播或利用其余的子叶苗移栽，加强幼苗管理，早补全苗。西瓜苗刚出土时根系浅，易受伤，对种子弯脖顶土等引起的地表裂缝应随时用细土填充。当幼苗出现1～2片真叶时，即可进行中耕松土，同时在幼苗根部进行培土以固定瓜苗。直播苗播种量偏大，因此当幼苗出土后应及早间苗定苗。间苗一般可分两次进行，每次去除弱苗、病苗，保留下胚轴粗、子叶壮、叶色浓的健旺苗。第一次间苗在 2 叶期进行，每穴留苗 2 株；第二次间苗在团棵期进行，选留 1 株生长健壮、发育正常的瓜苗。为防止间苗伤着留苗根系，甚至带留苗拔掉，间苗时不能用手拔，应从幼苗子叶以下切断，注意切断位置不能过高，否则会抽生新芽，起不到间苗作用。

9. 西瓜苗移栽时应注意哪些问题？

西瓜苗移栽应选择连续晴好天气的上午进行，尽量提升地温，促使瓜苗快生新根和缓苗成活。低温天栽苗或栽后遇低温，瓜苗易沤根死苗或僵苗。

瓜苗移栽前为使在有保护设施条件下培育的幼苗能适应露地大田的环境，在准备定植前 1 周左右需要对瓜苗进行降温、控水处理，即炼苗，促使幼苗组织老化，提高适应性和抗逆性。在炼苗期间，若遇寒流、大风、降雨等情况仍需要给苗床加盖覆盖物，勿使瓜苗受害。

栽苗前 1 天苗床可浇透水 1 次，防止栽苗时营养土散块而引起死苗。同时，苗床喷 70%甲基托布津可湿性粉剂 800 倍液和 40%乐果乳油混合液 1 次，防治病虫害，免去移栽田间后再喷药的麻烦。

露地移栽瓜苗时先用锄头按株距挖好苗穴，再将瓜苗去除营养钵或撕去钵底和四周的纸后放入苗穴底，四周用虚湿土围严并挖好浇水坑，待浇完穴水后再将瓜坑埋平即可。但不论哪种方法瓜苗定植深度均以钵土表面埋入田土 1 厘米左右为宜，过深土壤升温慢和透气差，过浅不易保湿，这些均会影响瓜苗根系发育，不发苗。

10. 西瓜对水分的需求特点有哪些?

西瓜在整个生育期中耗水量较大,但要求空气干燥,土壤含水量不能过高。对土壤湿度的要求是苗期较低、伸蔓期稍高,而以果实膨大期需水量最大,若此期水分供应不足时,会影响果实的产量和品质。同时,西瓜根系发育需较多的土壤含氧量,不耐涝,浇水多时会降低根系的活力,甚至造成烂根。

西瓜的灌溉应根据气候条件、土壤条件和植株生长状况综合考虑安排。对土质疏松、保水能力弱的沙土地,可用少量多次的方法灌溉,以保证植株生长和果实发育的需要。对保水能力强的黏土地,则要增加浇水量、减少灌溉次数。根据植株生长状况确定是否灌溉,一般在中午前后温度高、日照强时观察,植株先端幼叶向内并拢,叶色加深的为缺水;幼叶向下反卷或瓜蔓先端上翘的为正常;叶缘变黄为浇水过量。在采收前1个月左右和大雨前后的3～5天应停止灌溉,以免影响西瓜的品质和积水伤根。

11. 如何根据西瓜的需水规律进行浇水?

西瓜虽为耐旱作物,但在土壤湿度低于最大田间持水量的48%时,即发生旱象,同时西瓜不同生育期需水量不同,特别是果实膨大期需保证充足的水分供应,否则会影响西瓜产量。在地膜覆盖栽培的情况下,由于地膜具有良好的保墒作用,加之幼苗需水量少,故前期可适当减少浇水次数和浇水量。直播时,一般底水要浇足,苗期可不再浇水,如出现旱象,可浇小水。育苗移栽时,如底墒不足,可在浇定植水后暂不封窝,翌日再浇1次稳苗水,然后封窝。在西瓜团棵时,结合追团棵肥进行浇水,水量宜适中。浇水后及时中耕保墒,促进根系生长。伸蔓期的浇水应掌握土壤"见湿见干"的原则,即早晨看土壤潮湿,中午变干发白,经夜间返潮后,翌日早晨土壤仍然潮湿。到伸蔓末期、临近开花时应控制浇水。西瓜退毛之后，进入果实膨大盛期，果实需水量大大增加；同时，由于气温升高，地面蒸发量和叶片的蒸腾量都明显增大。因此，这段时间应保证充足的土壤水分供应，以促进果实发育。若西瓜此时缺水受旱，则将严重影响西瓜的产量。一般在西瓜退毛时，结合追膨瓜肥浇1次膨瓜水，以后每隔4～5天浇1次水；西瓜定个后，其体积和重量都很少增加，主要进行果实内部的糖分转化，应控制浇水；收获前1周停止浇水，以提高西瓜的品质。

12. 华北多旱气候区西瓜如何灌溉?

华北多旱气候区的降雨多集中在7～8月份，春季降水少，土壤蒸发量大，浇水要结合气候和植株生育情况进行。西瓜的苗期需水量少，为促进植株根系向土壤深层伸展，一般在苗期不浇水，采用勤中耕保墒的管理措施。但春旱严重时易造成土壤缺墒而影响幼苗生长发育，对此在移栽或播种前要浇足底水，保证幼苗生长的需要。灌溉的原则一是要全园浇水，使瓜沟与行间均浇透，保证充足的底墒；二是浇水量不要过量，以免水量过大而降低地温影响幼苗生长。

西瓜伸蔓期植株的需水量逐渐增加，在降雨少时易缺水，但为继续促进根系生长并适当控制茎蔓伸展，在管理上仍以勤中耕、不浇水为原则。当土壤含水量过低时，可在瓜沟内浇小水补充土壤墒情。植株坐瓜后由于果实迅速膨大需水量达到生育期的高峰，加之气温高、叶面蒸腾量大，在缺少雨水时应全园浇水2～3次。但注意在大雨之前避免浇水，大雨之后注意瓜沟和畦面的排水。条件允许的地区可采用喷灌和滴灌。

13. 西北干燥气候区西瓜如何灌溉?

西北地区空气干燥，降水稀少，农业生产主要依赖水利灌溉设施。如甘肃省的河西走廊，宁夏回族自治区的河套地区，新疆维吾尔自治区的昌吉、石河子等市西瓜栽培都是利用引黄灌溉或高山雪水灌溉，不仅保证了西瓜正常生长发育的需要，而且使西瓜具有得天独厚的优良品质。

在西北干燥气候区，播种前3～5天要全园漫灌1次，浇足底水后进行播种。出苗后要控制浇水，促使幼苗根系深入土层增加抗旱性。当发现土壤缺墒时可适当浇1～2次小水，避免大量浇水使土壤温度下降，影响幼苗生长。伸蔓至坐瓜期植株生长旺盛是西瓜需水的高峰期，为避免水分过多引起植株徒长和病害，灌溉以适量、多次为原则，果实迅速膨大期浇2～3次水。果实定个后，应控制浇水量和浇水次数，以改进果实品质，防止裂瓜，增强贮运性。

14. 南方多湿气候区西瓜如何灌溉？

南方地区在西瓜生长季前期、中期降雨多，雨量大，需注意加强田间排水工作，后期高温伏旱要适当补充灌溉。在南方丘陵地区种植西瓜，因土层薄保水力差，加之缺少水利灌溉条件，后期伏旱对果实发育影响较大，应做到冬季深耕增加土壤保水量；通过育苗定植、早熟栽培，减少伏旱对果实发育的影响；进行地面覆盖减少水分蒸发，保持畦面疏松，也可蓄留一部分雨水。在伏旱前覆草对丘陵地区瓜园抗旱效果明显。

南方地区种植西瓜在生长前期结合追肥浇人粪尿，一般不再单独灌溉；5月中旬出现高温干热天气时，可适当浇小水1～2次增加表土湿度；7月份进入伏旱时，为保证果实膨大，以畦面无水的沟灌为宜，同时注意不使水在沟中停留时间过长，浇水时间应以夜间为好，以免白天水温高伤根。

15. 西瓜追肥的要点有哪些？

为保证西瓜的优质丰产，在施好基肥的基础上应根据植株生长发育的特点，做到轻施苗肥、巧施蔓肥、重施果肥，有重点的多次追肥，以补充基肥的不足，满足西瓜生长和结果的需要。当然基肥充足时可减少追肥次数、肥量，甚至不用追肥。

西瓜苗期追肥主要是促进根系发育，加速地上部生长，应追施少量的速效性氮肥。北方旱地西瓜栽培在4～5片真叶期，距根颈10厘米左右挖环形浅沟，每667平方米施尿素1.5～2.5千克，施后及时覆土。北方水浇地西瓜栽培在5～6片真叶期，沿主蔓一侧开沟浅施尿素每667平方米约2千克。南方地区在定植后伸蔓前，浇稀人粪尿2～3次，每次每667平方米施人粪尿200～300千克，结合中耕松土后施用效果更好。

西瓜伸蔓期追肥应以既促进茎叶快速生长，又不引起植株徒长过旺为原则，依据各地气候条件和植株生长势巧施伸蔓肥。在华北地区可于西瓜伸蔓初期每667平方米施尿素7～10千克，硫酸钾3～5千克，方法为沿着主蔓一侧距根30～35厘米处，开深10～15厘米的施肥沟，施入后覆土。南方地区在西瓜伸蔓后和间作物已经收获后，在畦面距根50厘米左右处，开1条深15厘米左右的深沟，每667平方米施饼肥50～70千克或施腐熟的禽粪500～700千克。

追施果肥应在田间大部分植株已结果，幼果鸡蛋大小时进行，目的是为了促进果实发育膨大，保持植株的生长势。北方在瓜畦一侧距根40～50厘米处开施肥沟，每667平方米施尿素10～15千克、硫酸钾5～6千克。南方地区将尿素或复合肥10～15千克掺入人粪尿中，浇在畦面茎叶的空隙处。果肥可在第一次追施后，当果实生长至直径15～25厘米时追施第二次，每667平方米施尿素7～10千克、硫酸钾5～6千克，采收前1周应停止追肥。

16. 西瓜施用叶面肥需注意哪些问题？

在西瓜生长中期和后期，由于根系生长变慢和功能逐渐衰退，吸收营养能力也趋于减弱，这段时期要有效补充果实迅速生长发育所需的营养,通常要采取追施叶面肥的方式加以补充。与根部追肥相比,叶面追肥追施方便,见效快,不足的是须注意使用浓度和施用时期,以免发生烧叶现象。叶面追肥的种类主要有氮、磷、钾 3 种,一般可叶面喷施 0.3%~0.5%的尿素溶液,0.4%~0.5%的硫酸钾溶液,0.4%~0.5%的过磷酸钙浸提液或 0.3%的磷酸二氢钾溶液。

叶面施肥的浓度在植株生育前期不宜高,尿素在苗期施用浓度不超过 0.3%,中、后期可适当提高,可喷 0.5%溶液,但不宜再高,以免浓度过高造成肥害。叶面肥在与农药同时喷施时,需特别注意酸性肥料不能和碱性农药混用,碱性肥料也不能和酸性农药混用,以免酸碱反应降低药效或产生药害。此外,在晴天中午前后高温时应暂不进行叶面肥的喷施作业,避免由于水分蒸发快、影响叶片吸收并发生烧叶现象。

17. 西瓜栽培中如何倒秧和盘条?

西瓜植株生长至团棵期后,当主蔓长 20~40 厘米时,在中午要将处于半直立生长状态的瓜秧,按预定方向放倒成匍匐生长,这种作业在生长上称为“倒秧”或“板根”。在西瓜的伸蔓前期,由于植株正由直立生长过渡为匍匐生长,容易因风吹摇动使植株的下胚轴折断,为避免植株受伤影响正常生长,同时也有利于此后的压蔓,需将植株向南侧压倒使瓜秧稳定。倒秧的具体做法是:在植株南侧用瓜铲挖一深、宽各约 5 厘米的小沟,将根颈部周围的土铲松,一只手拿住植株根颈部,另一只手拿住主蔓顶端轻轻扭转植株,向南压倒在沟内,再将根颈周围的表土整平,用土盖严地膜的破口处。接着在植株根颈处北侧,用湿土封一个半圆形的小土堆,压紧拍实,迫使主蔓向南匍匐伸长,防止其再直立生长。

西瓜植株倒秧后,当主蔓伸长达到 40~60 厘米时,将植株主蔓和侧蔓分别引向植株北侧,弯曲成半圆形后再将主蔓与侧蔓先端转向南侧压入土中，这种作业在生产上称为“盘条”。盘条可缩短西瓜栽植的行距，有利于密植，还能控制植株的生长强度，使瓜蔓生长一致，便于栽培管理，中、晚熟露地栽培西瓜一般均需此项作业。在实际操作时应注意盘条时期，过晚植株盘条部位叶片多而大，盘条后瓜蔓弯曲处的叶片乱而重叠，恢复正常生长的时间长，会影响植株的生长和坐瓜。

18. 西瓜栽培过程中如何整枝?

西瓜具有枝蔓生长旺盛，分枝能力强的特点，栽培过程中为减少养分浪费，控制植株营养生长的强度，使瓜园叶蔓分布合理，改善近地空间的通风透光条件，减少病虫害的发生，也为了能够坐好瓜，常常要有计划地剪除一部分枝蔓，这种管理措施称为整枝。在特殊栽培条件下，比如稀植、极易坐瓜品种、旱地西瓜等也采取放任植株茎蔓生长，尽量多保留枝蔓，不做或简化整枝管理。整枝中留蔓的数量因选用的品种、定植密度、气候条件、土壤肥力等因素的差别而异。在各地有多种整枝方式，生产上较常用的有双蔓整枝和三蔓整枝。

双蔓整枝是除主蔓外，在植株或主蔓基部再选留 1 条生长健壮的侧蔓，植株基部或主蔓上其余的侧蔓全部去除，主蔓和侧蔓平行向前生长或相反方向生长(早春塑料大棚栽培多采用)；或者将主蔓摘心，选留植株基部 2 条强壮侧蔓平行生长。双蔓整枝方式的枝叶量和雌花量较少，适于密植，坐瓜率也高，南、北方都有较多应用。三蔓整枝是在保留主蔓基础上再在植株或主蔓基部选留 2 条健壮侧蔓，其余侧蔓及时摘除。三蔓整枝枝叶量大，易郁闭，栽培密度不宜太大，株距应保证在 0.5 米以上，适于露地或半保护地稀植栽培。

19. 西瓜栽培中如何压蔓？

西瓜的压蔓是通过在畦面上合理分布瓜蔓位置以改善植株枝叶的通风透光条件，提高光合效率，同时压蔓后能减轻和避免枝蔓随风摆动，防止大风损伤叶蔓和摩擦瓜胎而造成落瓜。在栽培上也可通过压蔓调整植株的生长势，当植株生长过旺时可重压，即压蔓部位距先端生长点较近并压大土块，使瓜蔓生长变慢；当植株生长势较弱时要轻压，即压蔓部位距先端生长点较远并压小土块，以促进瓜蔓生长。

压蔓的方法一般采用明压和暗压 2 种。北方地区由于降雨少多用暗压，即用瓜铲开浅沟，将瓜蔓压入土中。南方地区因降雨多常用明压，即用土块将瓜蔓压在畦面上，也有用树枝、竹枝等卡住瓜蔓插入土中进行固定。压蔓一般在倒秧盘条后进行，坐瓜后结束，隔 5～7 片叶压 1 次。压蔓时要注意雌花出现的节位，在坐果节位前后 2 节以内的位置不易压蔓，以免损伤幼果影响坐瓜。主蔓一般可压 3 刀，第一次整枝时压 1 刀固定，坐瓜前、后各压 1 刀；侧蔓 1 刀固定即可。压蔓的时间最好在下午，因上午枝蔓含水量较高、脆而易折，压蔓作业易造成瓜蔓的损伤。由于压蔓可促使植株蔓上发生不定根，增强吸收能力，促生大量侧枝而引起植株旺长郁闭，影响坐瓜或感染蔓部病害，所以目前多提倡明压。

20. 南方瓜田铺草的作用与方法如何？

南方西瓜多不进行压蔓，但要在瓜畦上铺草，使西瓜卷须攀绕固定植株，这样也可以起到压蔓的作用。

南方多雨地区栽培西瓜，习惯上在麦收以后结合施出藤肥全面翻耕畦面，然后全田铺麦秸（因麦秸刚柔适度，西瓜生长期间不腐烂。稻草易腐烂，不宜用；油菜秆病害较多亦不能用），厚约 1 厘米。瓜田铺草的作用是：①防除瓜田的杂草；②避免雨水直接冲土面，防止土壤表面板结，保持土面疏松，增加土壤通透性，有利于根的生长；③固定瓜蔓，防止风害；④避免泥浆溅起，可防止落瓜或减少病害传播的机会；⑤降低土壤温度，防止后期的高温、干旱对根系生长的不利影响。由此可见，铺草对西瓜的抗病、丰产有明显的效果。但是由于麦秸来源有困难、费工多，成本较高，因此目前实际应用的不多。在半山区利用新鲜的野草及小灌木在畦面铺厚3～4 厘米，具有同样的效果。

21. 西瓜栽培中如何留瓜？

一株西瓜可开数十朵雌花，栽培上只根据要求选留 1～2 个西瓜，可根据雌花质量、栽培要求和雌花着生部位来确定。一般来说，雌花的花柄长而粗，子房较大并稍长，色泽新鲜充实，授粉后能迅速膨大，坐住瓜的把握大，可选留。反之若雌花的花柄短、子房小并呈暗绿色，授粉后的子房增大缓慢，果柄弯曲不伸长，这种雌花难坐瓜，不宜选留。

留瓜部位对果实大小和品质也有很大影响，一般在第二、第三雌花留瓜，另外还应充分考察以下因素：①早熟栽培为提早采收宜早留瓜，一般留主蔓第二雌花，露地栽培可选留第三雌花。②早熟品种雌花的选留节位低，中、晚熟品种雌花的选留节位相对宜高。③栽培环境温度较高时，植株生长发育速度快，选留雌花的节位应适当降低；栽培环境温度较低时，植株生长发育速度慢，选留雌花的节位可适当提高。④植株生长势较强时，坐瓜节位可低些；植株生长势弱时，功能叶面积小，若过早留瓜，果实体积小、产量低，故坐瓜节位应高些。⑤间、套作栽培中为提早腾茬，留瓜节位宜低不宜高。

22. 如何识别西瓜雌花是否坐瓜？

识别西瓜雌花是否坐瓜，不仅能够及时准确地选瓜、留瓜，提高西瓜的商品性，而且能够对没坐住瓜的植株及时采取补救措施，提高西瓜的坐瓜率。识别西瓜雌花能否坐住瓜的依据主要有以下几点。

(1)雌花形态特征　现在普遍种植的早熟品种西瓜的子房一般呈圆形(少数也呈长圆形)，茸毛少，瓜柄粗而长，花瓣较大，这样的雌花容易坐瓜。果形椭圆的西瓜(多数为中晚熟品种)子房呈长圆形，瓜柄粗而长，密生茸毛，花瓣大的雌花容易坐瓜，并且瓜个大，品质好。

(2)子房发育速度　授粉后的第二天，瓜柄伸长并向下弯曲，子房明显膨大；授粉后第三天，子房横径达2厘米左右，具有光泽，是雌花已经坐住瓜的表现。如果雌花受粉后2～3天，瓜柄细而短，无明显伸展，子房发育缓慢，色泽暗淡，这样的瓜胎坐不住。

(3)植株生长状况　西瓜的叶片中午稍向内弯曲，傍晚舒展，叶片的姿态微平，节间长度小于(或等于)叶片长度，植株紧贴地面生长，西瓜蔓顶端稍有抬头，说明植株生长势正常，并且易坐瓜。当植株节间变长，叶柄细长，叶片薄而狭长，叶色淡绿，叶柄长度大于叶片长度时，说明植株营养生长势过旺，已发生徒长，这样的植株雌花出现延迟，且不易坐瓜。当植株生长势过弱时，主蔓变细，叶片变小，叶柄细而短，叶片变薄，叶色暗淡，雌花出现过早，子房变小，呈圆形，这样的植株虽然容易坐瓜，但往往因为瓜的发育不正常而形成畸形瓜，或瓜胎后期逐渐萎缩，导致化瓜。

(4)雌花着生部位　当日开放的雌花节位距瓜蔓顶端的距离为30～50厘米，蔓粗0.6～0.8厘米，节间长度小于(或等于)叶片长度，说明植株生长势正常，容易坐瓜。如果叶柄长度大于叶片长度，当日开放的雌花节位距瓜蔓顶端的距离大于60厘米，说明植株营养生长势过旺，不易坐瓜。如果开放的雌花节位距瓜蔓顶端的距离小于20厘米，表明植株长势过弱，也不易坐瓜。

(5)肥水管理状况　如果基肥中过多施用化肥，而少施或不施有机肥,不仅会流失一部分营养成分,浪费肥料,而且常常造成植株发生徒长,坐瓜延迟。若西瓜生长期间过多施用氮肥,而不施或少施磷、钾肥,也会导致植株徒长,不易坐瓜。西瓜开花前后对水分的要求严格,若在中午前后看到叶片或瓜蔓龙头处小叶向内并拢,叶色灰暗,龙头低垂,说明植株缺水,容易导致落花、化瓜。若看到植株叶片或瓜蔓龙头处小叶舒展,叶缘颜色变淡,龙头顶端明显翘起,说明土壤水分过多,植株易发生徒长,影响坐瓜。

23. 西瓜人工授粉时应注意哪些问题?

西瓜是雌雄同株异花植物,雌花和雄花都有蜜腺,主要靠蜜蜂等昆虫传粉,是典型的虫媒花。昆虫的活动受天气的影响很大,昆虫在无风的晴天活动频繁,而在阴雨低温的天气则活动较少。另外,在保护地设施栽培也缺少昆虫传粉,此时应该进行人工辅助授粉。

人工授粉的最佳时间是上午 7～9 时,方法是:在晴天早晨采取当天开放的雄花,放置于保湿容器中让其自然开放。当田间雌花开放时,将开放的雄花去掉花瓣或后翻花瓣使雄蕊露出,然后用雄花的花药在雌花的柱头上轻轻涂抹,使花粉均匀地黏在柱头上,注意不可碰伤柱头,每朵雄花可给 2～3 朵雌花授粉。下雨天最好在开花前 1 天傍晚用纸帽将雄花和雌花套住,以防雨水淋湿花粉和柱头,影响授粉受精。授粉后换一干纸帽重新将雌花套上。纸帽的制作方法是:将旧报纸、旧书纸裁成适当大小,用 5 号电池作模具将纸卷成筒形,将圆筒的一端拧紧,然后将 5 号电池抽出即可。

人工授粉的时间应掌握在晴天上午 9 时前完成,超过 9 时授粉的坐瓜率显著下降。遭遇低温阴雨天气时有时中午西瓜才开花,授粉时间可适当后延。人工辅助授粉重点在主蔓第二至第三朵雌花盛开时进行,同时要注意选择大而饱满、花柄长而粗的雌花授粉。雄花不宜在田间随用随采，应在田间采取雄花蕾，置于室内自然开放后，再拿到田间进行授粉，这样花粉数量多、质量有保证。另外，雌花的柱头一般分 3 瓣，应均匀涂抹，以免出现偏瓜。

为了便于瓜熟后及时采收，在人工授粉时可用不同的记号标记出开花、坐瓜日期。

24. 如何通过施肥方法提高西瓜产量和品质?

要使西瓜高产优质，除选择适宜的品种和采用良好的栽培方式外，科学施肥是其中重要的措施。为了提高西瓜种植效益，近几年来我们对传统的西瓜施肥方法进行了改进，使西瓜的产量和品质显著提高。现简要介绍如下。

(1)早施基肥早盖膜 不论是有机肥还是化肥都必须在土壤中经过一系列的化学变化，才能分解转化成植物可吸收利用的营养物质。西瓜是旱作作物，基肥的施用量占施肥总量的 60%以上，大量肥料的分解转化，特别是有机肥的分解转化需要一个过程。因此，瓜田要早整地，基肥要尽量早施。做法是：年前翻好地，播种前 40 天施基肥，每 667 平方米施厩肥 2 500 千克以上、三元复合肥 40 千克、尿素 5 千克、钾肥 5 千克、硼砂 2 千克、锌肥 1 千克，翻耕耙平做畦，畦面喷施地乐胺除草剂后盖宽 1.2～1.5 米的地膜，以提高地温，促进肥料分解转化，防止肥料流失。

(2)提前浇施促苗肥 在传统西瓜栽培中，促苗肥一般是在瓜苗移栽后 1 周内或直播苗 4～6 叶时追施，而现在的做法是：在移栽或直播前 15 天就将促苗肥施入，即按每 667 平方米栽植株数在地膜中间开好种植孔(用小刀划“十”字形)，每孔浇 1 千克左右 0.5%的三元复合肥溶液和 0.25 千克 80%绿亨 2 号可湿性粉剂 2 000倍液(若没有绿亨 2 号可用其他杀菌剂代替)，然后用细土封严种植孔。这样，不仅播种或栽苗时墒情好，不需浇定根水(肥)，而且不缓苗，长势强健，为西瓜优质高产打下了良好基础。

(3)适时追施伸蔓肥 在苗长 1.5 米以前，瓜苗有多长，瓜根就能长多远，这是西瓜的生长特性。以往有些瓜农在瓜苗长至 1 米后才追施伸蔓肥，这时瓜苗大量的根已长出地膜外，开沟施肥不但会将瓜根弄断，而且施肥沟内大量未分解的化肥还会烧坏刚长出膜外的根尖。所以，伸蔓肥较为适宜的施用期为瓜苗长至 40～60 厘米时。追施方法是：在地膜边（距地膜边缘 18 厘米）每畦用犁犁 2 条沟，每 667 平方米用三元复合肥 15 千克、尿素 10 千克、硫酸钾 7.5 千克施入沟内，覆土盖肥。由于瓜苗短，伸蔓肥分成 2 条沟施入，不但不会伤根，还能使肥效持久。

(4)以水调肥掺水浇施膨瓜肥 西瓜果实鸡蛋大小时，根系布满全畦，以往瓜农会在此时用干化肥穴施膨瓜肥，由于穴施肥料过于集中，会将施肥点周围的根系烧坏，同时也不利于肥料的快速分解转化。所以，膨瓜肥用人、畜粪水加溶解化肥最好。做法是：距瓜根基部 30 厘米左右处浇施粪水加三元复合肥和尿素，没有粪水的瓜农则每 667 平方米用三元复合肥 7.5 千克、尿素 5 千克、硫酸钾 4 千克溶解后掺水浇施。膨瓜肥浓度宜淡，以水调肥，使肥料在短期内迅速发挥作用，尤其在土壤较为干燥时，更能获得立竿见影的膨瓜效果。

25. 西瓜栽培中提高西瓜坐瓜率及护瓜的措施有哪些？

(1)注意选择易坐瓜的品种 这类品种的植株生长势中等或偏弱，坐瓜性强。对环境温度、光照和肥水条件反应不敏感，有利于提高坐瓜率。

(2)植株生长前期应适当控制肥水，特别是要减少氮肥的使用，以免使植株营养生长过旺 坐瓜前更要严格控制氮素化肥的使用量，增加磷肥和钾肥的用量，减少灌溉次数。一般可在伸蔓前后适当施肥浇水，促进枝蔓生长，在坐瓜节位的雌花开放前 1 周，控制肥水，以免茎蔓徒长，保证坐瓜。

(3)利用整枝压蔓，调控植株生长，促进坐瓜 当植株可能出现徒长时，压蔓时可采用深压重压和提高瓜蔓的方法，控制枝蔓旺长，也可在坐瓜节位的雌花出现后，在坐瓜节位前留5～7片叶进行摘心，抑制瓜蔓生长势，促进坐瓜。对于植株生长势强，坐瓜困难的品种，可在主蔓6～7叶时摘心，利用侧蔓缓和生长势，促进结瓜。

26. 西瓜栽培中护瓜的措施有哪些？

(1)放松坐瓜节位的瓜蔓 当幼瓜生长到拳头大小时，要将幼瓜后的瓜蔓上压的土块去掉，或将压入土中的瓜蔓提出，使瓜蔓放松以促进果实膨大。

(2)对幼瓜进行垫瓜和顺瓜 幼瓜松蔓后，在幼瓜下要垫以细土、碎草或麦秸，防止幼瓜落入土块间受到机械损伤造成畸形，也可防止落入泥水中染病腐烂。同时，在植株根部垫草还有抗旱保墒和防病的作用。顺瓜即在幼瓜坐稳后将幼瓜下面土表整细、拍平，做斜坡形高台，然后将瓜顺着斜坡放置。当瓜长至1～1.5千克重时，再将瓜下地面翻松整平1次。

(3)曲蔓 幼瓜坐稳后，结合顺瓜将植株主蔓先端从瓜柄处弯转，使瓜柄仍向南延伸，幼瓜与主蔓位于同一直线，而后顺放于斜坡土台上，这种摆法有利于自根部向果实进行养分、水分的运输，有利于果实膨大。

(4)翻瓜、竖瓜 当果实基本定个后，为使瓜皮受光一致、皮色均匀，每隔1周需翻转幼瓜1次，翻瓜时间以晴天下午为宜。翻瓜时要顺着瓜柄维管束的纹路转动，不能强扭，一次转动角度也不宜过大。翻瓜时要双手操作，一头一尾同时轻轻翻转。在果实采收前几天，可将果实竖起来，以利于瓜形圆正，瓜皮着色一致。

(5)盖瓜遮阳 夏季烈日直射，高温对果实的生长和外观不利，可用草叶或瓜蔓遮盖果实，避免果实因阳光直射受害。

27. 西瓜栽培中发生空秧的原因及对策有哪些？

(1)肥水施用不合理 肥水施用不合理可引起茎叶徒长产生落花或化瓜，降低坐瓜率，形成空秧。预防措施：控制氮素化肥的施用量和浇水时间，浇水应在预留瓜拳头大小时进行；对于徒长的瓜田，应重压瓜的龙头或机械捏碎龙头，甚至摘心，辅以人工授粉或采用植物生长调节剂处理，以提高坐瓜率，防止空秧。

(2)花期环境条件不良 一是花期低温或高温。西瓜花粉发芽的适温为20℃～25℃，当气温高于35℃或低于15℃时，花粉的发芽会受到影响，进而影响坐瓜率。二是花期遇阴雨天气或浇水，也影响西瓜正常授粉和坐瓜。三是盛花期喷药，药水喷入花器将影响授粉，同时还会影响昆虫传粉。预防措施：首先，花期不浇水；其次，雨前保护好花器，如采取授粉后进行套袋、覆盖或埋入土中等措施，雨后及时将花器放出；再次，开花期一般不喷药，如病虫害发生严重确需用药，要注意保护花器，在下午4时后进行。

(3)种植密度过大 如果种植密度过大，则田间通风透光差，植株生长势弱，节间、叶柄细长，叶片薄，叶色淡，子房小，易产生落花或化瓜，出现空秧。预防措施：合理密植，根据品种特性和地力状况，确定适宜的种植密度。

(4)品种间坐瓜的难易程度不同 有些品种生长势稳健易坐瓜，而有些品种前期生长势较强，不易坐瓜。为此，应根据品种的特性进行科学管理，对前期生长势强的品种注意防止徒长，提高坐瓜率。

(5)病虫危害 西瓜病毒病、绵疫病、炭疽病等病害，蚜虫、红蜘蛛等虫害都会不同程度地影响西瓜开花授粉及果实发育，严重时可导致化瓜、烂瓜、畸形瓜，使西瓜失去商品性。应加强预防措施，有针对性地选用高效低毒农药，适期开展科学防治。

28. 西瓜膨大缓慢的原因有哪些？

(1)土壤干旱缺水 西瓜进入膨瓜期后，需要吸收大量的水分才能满足膨瓜的需要，如果土壤水分不足，幼瓜会因得不到充足的水分而使生长受到抑制，如干旱时间过长，会引起组织老化而过早地停止发育，形成僵瓜。

(2)低温的影响 低温可使果实内细胞的数量减少、细胞的膨大速度变慢，膨大程度不够。若在果实膨大期遇低温会最终影响果实的大小。

(3)植株的营养生长过旺或过弱 一种情况是品种生长势太强或管理不当引起植株营养生长过旺消耗了过多的养分，使幼瓜得不到足够的营养供应，生长受到抑制，瓜虽不至于脱落，但却无法继续膨大，而形成僵瓜。另一种情况是植株营养生长太弱，功能叶面积太小，叶片光合作用所制造的养分少，果实也会因营养供应不足，而生长迟缓。

(4)病虫危害 病虫危害瓜秧时，会使瓜秧的有效叶面积减少，光合作用削弱，或使根群变小，吸收能力变弱，不能为幼瓜的正常膨大提供足够的营养，而影响果实膨大。

(5)机械损伤 幼瓜在膨大过程中，如因外力的作用(如摩擦、冰雹袭击、碰伤、踩伤等)受到损伤，均会影响果实的正常膨大。

为了保证西瓜的正常膨大，首先要按要求加强各项管理，预防发生上述问题；其次一旦发生问题时，要及时查明原因对症防治，对因肥水供应不足而导致的幼瓜生长缓慢，要及时加强肥水供应；对因瓜秧徒长造成的幼瓜生长迟缓，要采取摘心、抹杈、伤根或叶面喷洒生长抑制剂(如矮壮素、缩节胺、多效唑)等方法，控制瓜秧旺长；对病虫害要加强防治。

29. 西瓜发生空心的主要因素及防治措施有哪些?

西瓜空心是指在瓜中瓜瓤出现空洞或裂缝,使产量和品质受到很大影响的现象。造成西瓜空心的原因较多,主要是受温度、光照、坐瓜节位、肥水管理及采收时间等多种因素的影响。

(1)坐瓜时温度偏低 西瓜在开花结瓜时适宜温度为25℃～30℃。最低日平均气温为20℃～21℃。西瓜在坐瓜后先进行细胞分裂,增加果实内细胞数量,然后通过细胞膨大而使西瓜迅速膨大。如果坐瓜期温度偏低,细胞分裂的速度变慢,使果实内细胞达不到足够数量,后期随着温度升高果皮迅速膨大,而果实内由于细胞数量不足,不能填满果实的空间而形成空心。

(2)果实发育期阴雨寡照 果实发育必须有足够的营养物质为前提。如果发育期间阴雨天多,光照少,光合作用受到影响,导致营养物质供应严重不足,影响果实内的细胞分裂和细胞体积增大。此外,氮肥过多、雨水过多或浇水量过多、整杈压蔓不及时等引起植株徒长、茎叶郁闭,影响光合作用进行,茎叶生长与果实生长争夺养分,也会使果实养分供应不足而出现空心。

(3)坐瓜节位偏低 第一节位结的瓜,因坐瓜时温度偏低,授粉受精不良,再加上当时叶面积小,营养物质供应不足,心室容积不能充分增大,以后遇高温,瓜皮迅速膨大,也会形成空心。

(4)果实发育期内缺水 西瓜果实的发育需要足够的水分(也不宜过多),特别是在果实膨大期缺水反应最为敏感,果实细胞因供水不足导致膨大速度慢于果皮而形成空心。

(5)过熟采收 西瓜在成熟之前,营养物质和水分不断向果实运输。西瓜成熟之后,如不及时采收,营养物质和水分就会出现倒流现象,即从果实中回流到瓜蔓中。因此,果实会由于失去水分和营养物质而形成空心。这种现象在果实发育快的品种中更为明显。另外,过早使用植物生长调节剂进行催熟或选栽嫁接品种亦会形成少量空心现象。

防治西瓜空心的措施有以下几种。

(1)注意品种选择 瓜农在选择品种时，最好选择一些能抗空心品种，如郑抗系列、京欣系列、西农8号等；然后，再选择当前市场上推广的综合经济性状好又适合本地栽培条件的品种。

(2)加强肥水管理

①*科学施肥* 西瓜生育期较短，生长量大，因而西瓜需肥量较大。在栽培前应根据土壤原有的营养元素含量和肥力，及品种生长发育的需肥量进行测算，以地定产，以产定肥，严格按照各应施养分计算量，准确实施配方施肥，合理协调有机肥与化学肥料的使用，一般以有机肥为主(占80%)，化肥为辅。施肥时应以基肥为主，占总施肥量的60%～70%，追肥为辅，占总施肥量的30%～40%。

②*施肥方法* 应改变传统的多次追肥的栽培法，相应减少追肥次数，增加基肥用量，适时适量巧施追肥。一般基肥每667平方米施农家肥2500千克、饼肥50千克、三元复合肥25千克、硫酸钾10千克。果实膨大期每667平方米施追肥尿素15千克、硫酸钾15千克。多年生产表明：追肥量应根据当时生长情况确定，一般可分2次进行。第一次在幼瓜退毛后(约鸡蛋大)，施肥量占追肥总量的60%～70%；第二次在瓜碗口大时，施肥量占追肥总量的30%～40%。两次施肥应分别在植株的两侧离瓜70厘米处沟施或穴施。

③*灌溉方法* 西瓜果实按鲜重计，含水量达90%～92%，对水分要求较严，土壤中含水量既不能低也不能高，在果实膨大期对水分要求更严。总的原则是看天、看地、看苗浇水。一般应掌握，坐瓜前浇水量小、次数少；瓜退毛后加大浇水量和增加浇水次数；每隔3～5天浇1次，沟灌即可，由少到多逐渐增加，切不可急于求成，一直到西瓜成熟前5～7天方可停止。

(3)坐瓜节位和天气

①控制低节位坐瓜　西瓜在低节位留果时，尤其是中、晚熟西瓜品种植株小，生长中心是营养体(瓜秧)，自身光合作用产生的物质只能满足营养生长的需要。此时，人为将生长中心转移到繁殖体(果实)上，由以营养生长为主转移到以生殖生长为主，光合产物不足，必然导致果小、皮厚、空心。实践证明：这种情况在中、晚熟品种进行早熟栽培时更易发生。因此，在生产中，应及时控制低节位坐瓜，可按品种说明，采用在适当节位坐瓜，一般以第二或第三节位坐瓜为宜。

②坐瓜与天气　晴好天气对西瓜的生长非常有利；低温、阴雨严重影响西瓜生长，尤其是坐瓜期间遇低温，坐瓜后不能迅速顺利膨大。低温过后，果实基本定形而转入成熟期，因坐瓜、果实膨大期间果实内部积累的养分少，成熟后易形成空心瓜。生产上一旦遇到不利天气，应果断采取措施，除去不良果实，采用人工授粉等方式，确保下一节位坐瓜。

(4)注意事项

①注意催熟剂的使用　为提早西瓜上市，瓜农在生产中往往采用催熟剂促进西瓜早熟。试验表明：过早使用催熟剂，容易造成西瓜空心。

②注意整杈压蔓　多年实践证明，果实上部节位叶片数过多或基部叶片过少也易造成空心，因而整杈抹赘时，应结合留瓜节位，合理保留好基部枝和叶片数目并及时压蔓。

③注意适时采收　采收过晚，种子充分成熟，种胚干物质含量增高，胎座组织解离，营养回流，种子周围形成较大空隙，造成空心，影响西瓜的产量和品质。

30. 西瓜畸形瓜产生的原因及防止对策有哪些？

西瓜常见的畸形瓜有一头大、一头小的葫芦形瓜，纵径比横径小的扁平瓜以及果实两边发育不均，偏向一边生长的歪瓜(又叫偏头瓜)。

(1)葫芦形瓜 葫芦形瓜产生的原因，一是授粉质量低，授粉量不足、不均匀，瓜的前端种子多，基部种子少，营养供应不均匀导致前、后部的膨大速度不匀而造成的；二是结瓜初期温度偏低或土壤干旱缺水，幼瓜生长缓慢，而结瓜中后期又遇高温、高湿条件，西瓜膨大较快，从而形成了前大后小的葫芦形瓜。防止葫芦形瓜，一要进行人工辅助授粉，加大授粉量，并要提高授粉质量；二要保证肥水均匀供应，防止忽多忽少；三要防止结瓜初期温度偏低。对已经出现的葫芦形瓜，应及早采取立瓜措施，把瓜的大头朝上，竖起放到地面上，可减轻瓜上下两端的大小差异程度。

(2)扁平瓜 西瓜扁平瓜产生的原因，是结瓜前期的温度偏低，瓜的纵向生长(也即伸长生长)受到抑制所致。因为西瓜坐瓜后首先是进行纵向生长，然后进行横向生长。当前期温度低时，纵向生长速度慢，生长没有达到应有的量，但西瓜生长后期温度正常或偏高时，横向生长速度快出现扁平瓜。防止形成扁平瓜，一要合理安排结瓜期，把结瓜期放到温度适宜的范围内；二要加强低温期的增温和保温措施，保持棚温 15℃以上；三要加强肥水管理和病虫的防治工作，保护好瓜秧；四要选中节位留瓜，不要选第一雌花留瓜。

(3)歪瓜 歪瓜产生的原因有以下几个：①授粉不良。授粉量不足或授粉不均匀时，瓜内的种子容易集中分布于瓜的一侧。通常，瓜内种子多的一侧，营养供应也较多，生长速度快；而种子少的一侧，则因营养供应不足，膨大较慢，从而导致瓜的两侧膨大不均匀，形成歪瓜。②瓜面温度分布不均。一般讲，瓜的朝阳面温度较高，膨大也较快，而瓜的贴地面一侧，则因温度较低，膨大较慢，从而形成了上大下小的歪瓜。③机械损伤。在膨大过程中，局部瓜面受到机械损伤时，受损伤的一面多生长缓慢，从而形成歪瓜。④

营养不良。瓜秧生长势弱或遭受病虫危害或小秧结瓜时，会因瓜秧的有效叶面积小，瓜的营养供应不足，而形成歪瓜。防止形成歪瓜可采取以下措施：①人工辅助授粉。通过辅助授粉，确保花粉量充足，并可避免自然授粉中授粉不均的问题，防止形成歪瓜。②翻瓜。翻瓜可以使瓜的四周受光均匀，防止瓜面温度差异太大，而形成歪瓜。③不留低节位瓜。因为低节位瓜结瓜时，瓜秧尚小，瓜秧的有效叶面积较小，易形成歪瓜。④保护瓜秧。要加强肥水供应和病虫防治，保持瓜蔓、茎、叶完好。

开花时如果空气湿度太大或柱头有水时，引起花粉破裂造成受精不良，空气过分干燥时造成花粉不能发芽而引起受精不良均会产生畸形瓜。植株营养生长过旺，消耗养分过多，坐瓜后幼瓜得不到充足的养分供应，以及坐瓜节位过远，果实远离瓜根而引起水分和养分供应不足也会产生畸形瓜。

此外，防止植株营养生长过旺，采取促进坐瓜的措施防止坐瓜节位过远也可防止畸形瓜的产生。

31. 西瓜发生裂瓜的原因及防止对策有哪些？

(1)产生裂瓜的原因　①结瓜期果实的供水量骤然变化，如久旱遇雨或久旱后突然浇大水，西瓜吸水后瓜瓤体积增大过快，而瓜皮的生长速度跟不上瓜瓤的生长而被胀裂。②久阴乍晴时由于温度上升太快太高也会引起裂瓜。③果实遭到碰撞、挤压、虫害、草害等伤害时也容易发生裂瓜。④品种原因。果皮过薄或过脆的品种易裂瓜。

(2)防止裂瓜的措施　①选用瓜皮韧性大，不易裂瓜的西瓜品种。②合理浇水。要小水勤浇，不可大水漫灌，切忌土壤忽干忽湿；高温期要于清晨或傍晚地温低时浇水，不要在温度较高的中午浇水，以免浇水后根系大量吸收水分而发生裂瓜；雨后要及时排水。③适时收瓜。应在晴天中午或下午瓜含水量较小时收瓜，早、晚收瓜时，因瓜含水较多，在收瓜和搬运瓜过程中，容易发生裂瓜。④在收瓜和搬运瓜过程中，轻拿轻放，避免人为磕碰造成裂瓜。⑤增施钾肥，增强瓜皮韧性。⑥及时防除田间杂草，防治病虫害，减少瓜皮伤害。

32. 西瓜化瓜的原因及防止对策有哪些？

(1)西瓜化瓜的原因

①授粉不良　西瓜为雌雄异花、虫媒花作物，如果在开花期遇到低温阴雨天气，就会影响正常的授粉受精而坐不住瓜。

②光照不足　西瓜是强光照作物，光照不足会降低光合作用强度，光合产物减少，花器发育不良，植株生长不良，极易引起化瓜。

③施氮肥过多　如过量施用氮肥，西瓜茎叶生长旺盛，生殖生长受到抑制，幼瓜会因营养供应不足而脱落。

④温、湿度过高　保护地栽培西瓜时，由于温度高，湿度大，有利于营养生长，就会出现疯长现象而落花化瓜。

⑤密度过大　西瓜栽植密度过大，或与高秆作物套种时行距偏小，造成田间郁闭，通风透光不良，营养生长旺盛，生殖生长受抑制而引起落花化瓜。

⑥花期缺水　在开花结瓜期水分供应不足，使雌花子房发育受阻而引起化瓜。

⑦病虫害防治不及时　不及时防治病虫会导致西瓜生长不良而坐不住瓜。

(2)预防化瓜的措施

①合理密植　西瓜种植密度应因品种而异，早熟品种每667平方米栽植800～1 000株，中、晚熟品种500～800株。间作套种时要加大行距；保护地栽培不能过密，以植株间互不遮光为原则。

②合理追肥浇水　播种前施入充分腐熟的有机肥，无机肥料

配合比例要合理，达到养分全面、供应均衡、缓急相济。在施足基肥的基础上，在西瓜坐住瓜之前应控制浇水施肥，待幼瓜长到拳头大小时，再重施肥水促瓜膨大。

③合理调节营养生长与生殖生长的关系　结瓜前期茎叶生长过旺或过弱都会导致落花化瓜。因此，应采取各种措施控制瓜秧徒长。如出现疯秧现象，可及时采用重压蔓、扭伤茎蔓顶端、扭伤坐瓜节位前的茎蔓等方法抑制茎叶生长；如植株生长过弱，要及时追施速效肥，增强植株生长势，促进开花结瓜。

④合理整枝　一般早熟品种留 2 条蔓，中、晚熟品种留 3 条蔓，整枝时应防止机械损伤而人为导致化瓜。西瓜需压蔓 3～4 次，要求做到留瓜节位与根之间轻压，靠近茎尖的几节重压。对生长过旺的品种，要在留瓜节位前 3～4 节将瓜蔓捏扁重压，并在坐瓜节位前 5～6 片叶时摘心。

⑤合理调节温度　西瓜坐瓜期适温 25℃左右，低于 18℃发育不良易产生畸形瓜。早春保护地栽培，在开花期以提高温度为主，但也要防止出现高温高湿现象。

⑥合理增加光照　西瓜是喜光作物，在低温弱光下结瓜率降低，所以要尽可能延长光照时间，增加光照强度，以提高坐瓜率。早春保护地栽培最好采用无滴膜，草苫等覆盖物要早揭晚盖，并保持棚面清洁，让西瓜多接受阳光。

⑦适时进行人工授粉　保护地栽培西瓜常因授粉受精不良而坐瓜率不高，采用人工授粉可显著提高坐瓜率。

⑧合理使用植物生长调节剂　生产上一般选择第二或第三雌花留瓜，对于坐瓜难的品种可在开花坐瓜期使用坐瓜灵或其他植物生长调节剂保瓜。

⑨及时防治病虫害　发现有病虫危害时，立即采取有效措施，对症下药，以减少病虫害造成的落花和化瓜。但应注意，在西瓜开花期尽量不要施药，以免影响授粉受精。

⑩注意防涝　西瓜生长后期特别不耐涝，应避免田间积水。如果田间湿度大，可给瓜下垫干草、瓦块等将瓜轻轻托起，以防化瓜。

四、西瓜地膜覆盖栽培

1. 西瓜地膜覆盖栽培有哪些形式?

(1)高畦垄式 在施肥沟上培土呈龟背形高垄。畦底宽60厘米,畦中间高10～15厘米。畦表面覆盖地膜,边缘用土压实。高垄多采用东西行向,瓜秧向南爬。

(2)朝阳坡式 畦面北高南低,北边高15厘米(旱地宜低),慢慢向南倾斜,斜面要平整,地膜紧贴地面,两边各压10厘米,使斜面保持60厘米宽,种瓜时就直接定植在斜面靠坡顶1/3处。

(3)平畦式或低畦式 在瓜沟上平整土地,将地膜平铺在畦面上,或沿瓜沟将地膜铺在沟内,边缘用湿土压实,畦内或沟内种1行西瓜。

(4)防风墙式 在平畦的北边筑高25厘米,宽15～20厘米的防风墙,使地膜的一边压在防风墙上,另一边压在畦南边;也可用小树枝做骨架,一端固定在土墙顶部,另一端插入畦南侧,其上覆盖地膜。

(5)改良式 改良式是在高垄的基础上,在垄顶部开一宽、深均为10厘米左右的小沟,在沟内播种或定植小苗,在畦面上覆盖地膜,可使栽培季节比高垄式提前10～15天。

(6)小拱棚式 在平畦的基础上,用竹片或树枝条等两边分别插入畦南、北边,使其呈拱形,拱顶与畦面的垂直高度为20～25厘米,每隔50～70厘米插1根,然后将地膜覆盖在上面,两边紧压在畦边上,形成拱棚,种子或幼苗种植在畦中间。

以上6种地膜覆盖方式,瓜苗前期可不用放苗,暂时生长在地膜下小棚内,待外界气温适宜时再将地膜下压,瓜苗掏出,可起到

"一膜两用"的作用，成本小，还可提早播种期。

2. 西瓜地膜覆盖栽培直播时应注意哪些问题？

(1)播种期应适当调整 由于地膜覆盖西瓜出苗快，出苗期相应缩短，所以"只盖地不盖天"栽培形式的播种期应比露地晚播3～4天，防止幼苗出土后遭受霜害，而"既盖天又盖地"的栽培形式可适当提前播种。

(2)适当减小种植密度 由于地膜覆盖西瓜枝叶繁茂，单株叶面积增加，种植密度应较露地株数减少10%左右，以免叶面积指数突破适宜叶面积指数(2.0)，造成田间郁闭而减产。

(3)覆土宜薄 地膜覆盖直播土壤温度相对较高，保湿好，出苗效果好，不需采取浅播深覆土的办法，覆土不要过深，一般1～2厘米即可。

(4)及时放苗 播种后4～5天开始经常检查出苗情况，一般方式播种的，当小苗顶土时应尽早破膜放苗并在周围用土封膜，以免高温烤苗。采取改良式、低窝播种的，可在子叶平展后再放苗，挖坑播种的可以等到3～4片真叶时再放苗。地膜小拱棚式播种的可在幼苗期团棵到抽蔓时再把膜落下，将苗掏出。但这些滞后放苗的方法必须注意逐步放风降温，锻炼小苗，等幼苗锻炼老壮后再放苗。破膜放苗口应越小越好。

3. 西瓜地膜覆盖栽培如何栽苗？

西瓜地膜覆盖栽培为控制瓜秧徒长，伸蔓前西瓜根系小，需水量少，小水浇不方便，大水浇不合适，一般不浇水。因此，栽苗前瓜畦一定要浇1次透水，栽苗时一定要浇足穴水。

地膜覆盖移栽瓜苗时有两种方法：一种是先栽苗后盖膜，待苗栽好后盖膜，在瓜苗上方将地膜撕开口子把瓜苗掏出，苗周用湿土将地膜压好；另一种是先盖膜后栽苗，用取土器按株距在地膜上打苗穴栽苗(注意取土器应比营养钵体大些、深些,避免栽苗时架空营养钵)。先盖膜的好处是覆膜较平展,提升地温早且好,杀草效果也好,而且将栽苗工序分开做,可提高栽苗效率。

4. 地膜覆盖西瓜栽苗后应如何管理?

(1)膜面管理 为了充分发挥地膜覆盖的作用,在苗期加强膜面管理非常重要。膜面要经常保持压紧压实以紧贴地面,春季风大易于被风吹后产生膜面松动现象,所以应随时检查,发现松动时随时踏实压紧。大风天应在膜面上每隔1米左右加压土堆或大土块,以防刮大风引起膜面上下颤动而松动;另外,膜面必须封严,不漏风不漏气,发现膜面有裂口或破洞时及时用小块地膜或盖土将其封死,尤其是定植穴口周围必须封严;此外,要及时保护好膜面,进行田间作业时不要踩踏膜面,同时要经常保持膜面的清洁,减少封盖土面积,增加受光膜面积。

(2)保苗管理 春季风多风大,有时会出现低温寒潮,所以必须做好防风、防低温工作,根据天气预报在刮大风前及早做好瓜苗围土工作,有低温霜冻预报时提前做好小苗盖草、大苗盖瓦围砖或采取浇水、熏烟等预防措施;地膜覆盖下面的地下害虫发生早,应及时进行药剂防治工作;此外,还应及时做到间苗、定苗和补苗工作,力争做到苗齐、苗全、苗壮。

5. 地膜覆盖西瓜怎样整枝压蔓?

地膜覆盖西瓜栽培由于土壤肥效释放得快,后期瓜秧易脱肥失墒而引起早衰;另一方面,地膜在西瓜生长后期会产生高温灼蔓现象。因此,瓜根和瓜蔓基部的瓜杈不宜整得过净,让其起到应有的覆盖和辅养作用,早熟品种可不打杈。

地膜上面采用明压法压蔓,瓜蔓爬过地膜以后,再根据当地实际情况(如品种、土壤质地、栽培季节等)选用适宜的压蔓方式(明压或暗压)。

由于地膜覆盖以后,植株生长势强,茎叶生长繁茂,因此要及时压蔓,以调整营养生长与生殖生长的关系,促进坐瓜。如果整枝压蔓不及时,就容易造成疯秧,影响结果。

6. 地膜覆盖西瓜在施肥和浇水上有哪些特点?

地膜覆盖的瓜田地温回升快,发苗早,植株生长旺盛,吸肥吸水量大,其施肥浇水的特点主要是施肥浇水的时期一般比同期露地西瓜有所提前,施肥量也有一定增加,由于瓜行覆盖有一层地膜,所以在操作方法上也就大不相同。

西瓜地膜覆盖后一般可比露地西瓜增产 30%左右,所以通常它的施肥量要比露地西瓜相应增加 20%～30%,增产幅度大的地块应再相应增施一定数量的追肥。在施肥时期上,与露地西瓜相比,应适当减少基肥比例和基肥中的氮素化肥施用量,但要相应增加追肥的次数和比例,基肥除施有机肥外,可以施用磷肥和少量复合肥而不宜施用尿素、碳铵等氮素化肥;追肥可比露地西瓜多施 1～2 次,也可喷施磷酸二氢钾或尿素溶液作根外追肥。第一次追施有机肥细肥可在地膜南侧开沟施用,以后的 1～2 次追施化肥可以随水追施,栽培后期也可破膜在株间穴施后再进行浇水。

地膜覆盖西瓜的灌溉技术应掌握浇透底水,苗期控水不浇,伸蔓期继续以控为主,过旱时在瓜沟畦内浇小水或只浇行间畦水,以使渗水浸入瓜根附近来控制水量,到了果实膨大期就可以全园漫灌,甚至连浇 2 水,也可破膜浇水直接增加根际水量来满足西瓜植株大量需水的要求。

地膜覆盖最适于滴灌栽培。试验证明,地膜覆盖滴灌的防病增产效果非常显著,还可以大量节约用水,有条件的地方可大力推广使用。

7. 地膜覆盖西瓜生长后期早衰的原因有哪些?

地膜西瓜后期早衰的主要表现是:生长势减弱,生长缓慢,上部叶片瘦小,叶色淡绿,叶片变薄,下部叶片变黄色或褐色,瓜的重量和品质下降,大面积减产。早衰的原因主要有以下几点。

(1)脱肥 种西瓜一般基肥施得较足,但因栽培较早,并且盖了地膜,温度高肥料分解快,被植株吸收较多,损耗也较大,所以坐瓜以后表现脱肥,导致西瓜后期早衰,应加强追肥管理。

(2)坐根瓜多 早熟西瓜一般在主蔓 7～8 节处生第一朵雌花,侧蔓在 6～8 节处生雌花。以后不论主蔓、侧蔓都是每隔 5～6 节生 1 朵雌花。在第一朵雌花出现后,正是瓜秧开始旺长之时,如果将第一瓜留住,将消耗大量营养,会影响瓜秧的生长发育,极易形成“小老秧”,引起早衰而结小瓜。

(3)失墒 西瓜结瓜期对土壤含水量的要求最大,此期外界气温高,再加上地膜覆盖栽培时西瓜根系浅,土壤易失墒,含水量过低,引起早衰。

(4)病虫危害 西瓜生长后期,正值高温多雨季节,各种病虫害极易发生。当病虫害发生、叶片受害、光合作用受阻时,就会产生早衰现象。

(5)日灼 地膜在西瓜生长后期会产生高温灼蔓引起早衰。因此,瓜根和瓜蔓基部的瓜杈不宜整得过净,以起到应有的覆盖和辅养作用。早熟品种枝杈少,可不打杈。

五、西瓜小拱棚栽培

1. 西瓜栽培中的小拱棚有哪几种类型？

目前，西瓜生产所用的小拱棚主要有拱圆棚、半拱圆棚和风障棚 3 种类型。

(1)拱圆棚 该棚结构简单，容易施工建造，且透光性好，棚内空间大，有利于瓜蔓的伸展，并可进行一棚双行种植，增大种植密度，减少拱棚用量。拱圆棚是目前应用最多的小拱棚类型，一般棚最高 0.5～1 米，棚宽 1.5 米左右，棚长 15～20 米(具体还应视地块长度而定)。

(2)半拱圆棚 半拱圆棚的一面为圆弧形，另一面为垂直面或斜面。西瓜生产上常用的是南面呈圆弧形，北面为低土墙的半拱圆棚。半拱圆棚一般高 0.5～0.8 米，棚宽 1 米左右，长 15～20 米。

(3)风障棚 风障棚是指在棚的北面竖有一道矮风障的一类小拱棚。一般风障紧靠棚缘垂直竖立，风障高 1 米左右。

2. 什么是西瓜小拱棚双膜覆盖栽培？

西瓜小拱棚双膜覆盖栽培实际是指地膜加小拱棚的双层覆盖栽培。它是目前各地采用最普遍的一种早熟栽培方式。它结合了地膜覆盖与小拱棚覆盖的优点，能更好地为西瓜植株生长创造适宜的田间小气候。小拱棚双膜覆盖棚内的平均气温比单膜小拱棚高 1℃，20 厘米地温平均高 2℃，光照强度约提高 1 万勒。此外，双膜覆盖能有效地降低小拱棚内的空气湿度，减轻叶部病害的发生，抑制杂草孳生。

为达到早熟栽培的目的，小拱棚双膜覆盖栽培一般都采取育苗移栽的方法。通常在2月中旬播种育苗。当日平均气温稳定在10℃左右，棚内地温在18℃时就可定植，约为3月中下旬。

为节约保温材料，小拱棚双膜覆盖栽培一般采用双行定植方式，也可采用单行定植方式。双行定植时，先起60～80厘米宽的高畦，畦间距为2.5米左右，行距为50～60厘米，畦高10～15厘米。定植后先盖地膜，再搭小拱棚；拱棚的跨度为80厘米，高50～70厘米。棚膜要拉紧，四周压严。

定植后缓苗前要保持较高的温、湿度。但棚内温度最好不要超过35℃，如棚内温度过高，应盖草苫遮阳降温。缓苗后应注意棚内通风降温，白天棚温28℃～30℃为宜，于5月上旬拆棚。

3. 西瓜小拱棚栽培如何整地施肥？

(1)整地 西瓜小拱棚栽培以早熟为主要目标，应选择背风向阳、地势高燥、排灌方便、土层深厚疏松的砂壤土为好，同时最好采用嫁接育苗栽培。地块确定后要及时进行冬前深耕，以利于冬季冻垡，加速深层土壤的熟化。在南方稻作地区，更需将瓜行内深15厘米左右的表土挖出放于瓜行两侧，再深挖15厘米左右翻于沟内，以加厚活土层，改良土壤理化结构。劳力不足时也可待春季再平整做畦。

(2)施肥 西瓜小拱棚栽培的基肥施用量可适当减少，以腐熟的农家肥为主，配合适量的磷、钾肥，尽量不施或少施氮素化肥。施肥方法有3种，可因地制宜采用。第一种是全园撒施、耕翻入土混匀。第二种是沿瓜行开沟集中施肥，70%施于20厘米以上的熟土层。第三种是将全部有机肥与部分化肥全园撒施，耕翻混入土壤，沿瓜行开约30厘米深的施肥沟集中施剩余的化肥。每667平方米可施基肥1000千克、磷酸二铵20～30千克、硫酸钾30千克。

4. 西瓜小拱棚栽培如何做畦和种植?

(1)宽高畦　一般畦面宽 3.2～3.6 米,畦沟宽 30 厘米左右,瓜苗栽在瓜畦的两边,以后瓜苗伸蔓后,两行瓜蔓向畦内对爬。小拱棚扣盖于两相邻瓜行上,一棚双行瓜苗。宽高畦的优点是:畦面较宽,有利于瓜蔓的爬行,也方便管理。其主要缺点是:浇水量少,不易浇透畦土,易出现畦内干旱、供水不足的问题。宽高畦较适合于在地下水位较高、土质偏黏、结瓜期雨水较多的地方应用。

(2)窄高畦　一般畦面宽 1.6～1.8 米,畦沟宽 25 厘米左右,畦面比畦沟高 15 厘米。每畦栽 1 行瓜苗,瓜苗栽在两畦相邻一侧的畦边,小拱棚同时扣盖住 2 行瓜苗。窄高畦的优点是:浇水沟多、畦面窄,容易浇透水,不会发生缺水问题。但窄高畦也存在着畦面较窄、不利于瓜蔓爬行、做畦较费工等不足。窄高畦的适用范围较广,而以地下水位偏低、结瓜期的降雨量也较少,但水源充足、水利条件好以及土质偏黏的地方应用效果较好。

(3)低畦　低畦由浇水畦和爬蔓畦两部分构成。浇水畦也叫瓜行畦,宽 50 厘米左右,每畦栽 2 行瓜苗,2 行瓜苗伸蔓后分别向相反的方向爬行。爬蔓畦位于浇水畦的两侧,畦宽 1.5～1.8 米。小拱棚扣盖在浇水畦上,一棚双行瓜苗。低畦的浇水面大,浇水充足,在地下水位较低、结瓜期干旱少雨及土质偏沙,保水能力差的地方应用效果较好;在地下水位高、土质偏黏且雨水又偏多的地方,用低畦种瓜,会因土壤的透气性差,而妨碍根系的生长,同时也会因地面湿度太高,而诱发西瓜病害。

(4)垄畦　垄畦由垄背、浇水沟和爬蔓畦三部分构成。①垄背也叫瓜行畦,一般宽 30～50 厘米,上密集种植 1 行瓜苗,或栽 2 行瓜苗。伸蔓后,相邻两瓜蔓分别伸向相反的方向。②浇水沟开于垄背两侧,宽 25～30 厘米。③爬蔓畦位于浇水沟外,宽 1.3～1.5 米。小拱棚扣盖在瓜行畦上,一棚单行或双行瓜苗。

垄畦兼有高畦和低畦的优点，适合于多种土壤应用，并且具有浇水量易于控制的优点，易于管理。但垄畦也存在着做畦较费工费力、易受盐害等缺陷，在盐碱较重的地方不宜用垄畦栽培西瓜。

5. 西瓜小拱棚栽培如何选择品种？

西瓜小拱棚栽培种植密度大，栽培前期管理一般都在棚内高温高湿的密闭环境中进行，后期撤棚后外界气温尚低，栽培条件多变且不易控制，所以对西瓜的品种选择要求较严。

(1)品种坐瓜性好最关键 一定要选择对环境条件不敏感的、在棚内出胎早且密的品种。如果品种坐瓜不好，很容易造成叶蔓郁闭，严重徒长甚至荒瓜。

(2)品种要耐湿抗病 生长期间尤其是生长前期病害少或无病害，耐低温，果实不易厚皮和空心。

(3)品种熟性要早 西瓜小拱棚栽培是一种早熟栽培模式，应尽量选用早熟、果实前期发育快、瓜瓤大红的品种，以求提早上市。

(4)商品性要好 果实外观漂亮，品质好，不易裂瓜，大小均匀。

(5)尽量选用老品种 要选择在当地小拱棚栽培成功的品种，不要轻易大面积改换新品种。新品种可以先进行连续两年小面积的试种，如果确实表现优于现有品种，才可大面积种植。

(6)无籽西瓜不宜选种 因无籽西瓜坐果较难，低温下坐瓜易厚皮和空心，一般不用作小拱棚栽培。

6. 西瓜小拱棚栽培时如何定植？

(1)定植期的确定 西瓜小拱棚栽培为达到早熟目的，应采取设在塑料大棚或日光温室内的加温苗床育大苗及早定植。当棚内气温稳定在15℃以上时，可开始定植。由于早春气温不稳定，因此在倒春寒经常出现的地区，也可待外界气温稳定在10℃以上时再开始定植。一般西瓜小拱棚双膜覆盖栽培定植期可较露地提早15～20天；双膜覆盖加草帘可较露地提早30天左右。

(2)定植密度的确定 小拱棚双膜覆盖栽培在定植密度上应合理密植，以求获得早期高产，提高经济效益。据各地试验资料，在采取早熟品种和双蔓整枝条件下，每667平方米栽植800～1 200株，田间最大叶面积系数保持在1.5～2。但在生产中应具体考虑所用品种生育特性、整枝方式和当地栽培管理条件而确定适宜密度。

①根据品种熟性确定 早熟品种结瓜早，瓜蔓也较短小，适合密植。一般行距1.6米左右，株距30～40厘米。中熟品种坐瓜稍晚，植株也较早熟品种大，种植密度要小一些，一般行距1.8米左右，株距40～60厘米。

②根据留蔓多少确定 采用双蔓整枝时，株距以40～50厘米为宜；如果再增加侧蔓数目，株距也要相应增大至50厘米以上。小拱棚西瓜一般采用双蔓和三蔓整枝形式，所以其最大株距一般不超过60厘米。

③根据定植方式确定 采取等行距定植时，行距要大，以使瓜蔓有足够的地方伸展。采取大、小行定植时，平均行距可适当减少，一般平均行距要比等行距时减少10%左右，以增加种植密度，提高小拱棚西瓜的产量。

7. 西瓜小拱棚栽培应如何合理浇水追肥？

西瓜小拱棚栽培要获得早熟、高产、高效，肥水适量、促控得当是成功的关键，尤其要防止徒长疯秧、落花、化瓜。因此，首先要及时准确判断植株是否徒长，以便采取合理的栽培措施。一般健壮成龄叶长度为18～25厘米，叶柄长为8～14厘米，即叶柄长均小于叶片长；正常叶片长度略大于叶片宽或基本相同，叶片中午稍向内卷曲，傍晚舒展，叶片姿态微平，嫩茎龙头微翘，生长中速。反之,叶柄明显大于叶长,叶长明显大于叶宽,嫩茎高翘,生长迅速即为徒长株;其次,判定雌花能否正常坐瓜是合理采用护花保瓜,提早成熟技术的前提。其一,当日雌花开放节位距顶端30～50厘米,蔓粗为6～8毫米,节间长度小于或等于叶片长度的植株容易坐果。大于60厘米或小于20厘米,均会因长势过强或过弱不易坐果。其二,雌花开放时子房大小与坐瓜关系密切。雌花子房大,茸毛多,果柄长而粗者易坐果,且瓜大,产量高;相反,则坐瓜差,瓜个小,品质不良。生产上只有正确诊断植株生长发育状况,才能采取相应的措施。

双膜覆盖西瓜苗期一般不浇水,以免降低地温;进入伸蔓期,采用条沟法第一次追肥,应距瓜苗60厘米左右开浅沟施肥,同时浇促蔓水;当幼瓜直径长至4～5厘米,果实退毛时,表明已坐稳瓜,结合浇水,第二次追肥即“膨瓜肥”,每667平方米施腐熟豆饼40～50千克、三元复合肥15千克;当幼瓜直径在13～15厘米时,第三次追肥,即“二次膨瓜肥”,每667平方米施尿素5千克、硫酸钾5千克,同时浇水,结合叶面喷施0.2%磷酸二氢钾溶液补充磷、钾肥。此后每隔3～5天浇1次水,经常保持土壤湿润。果实定个后要减少浇水,防止裂果及品质下降。除上述正常管理外,一旦发现植株徒长,应采取如下措施及时补救:①一旦发现植株徒长,应控制肥水,特别是不能偏施氮肥,适时喷施硼肥;有针对性地加强植株调整,如开花前摘心或压蔓的顶端;重捏一下雌花的瓜蔓,破坏养分向幼茎生长点输送;在雌花节前用2根竹签互为垂直插入瓜蔓,以利于养分向幼果输送,控制茎蔓生长等。②如发现西瓜龙头高翘,可在靠茎尖处挖一深槽,将其压入槽内,使茎头露出压蔓槽口5～10厘米即所谓“重压龙头”,以抑制顶端优势,达到控制植株徒长的目的。

8. 西瓜小拱棚栽培时如何管理棚内温度?

北方地区以密闭、保温、促进西瓜生长发育为重点。一般在定植后5天内不通风,以提高地温和棚内气温,促进缓苗。此后根据天气情况,逐渐开始通风,保持棚内最高温度不高于30℃,最低温度不低于12℃,温度过高、过低都不利于雌花的分化形成。当晴天中午棚内温度超过30℃时,要及时通风降温,方法有两种:一种是揭棚膜通风,开始先揭一头换气,天暖后再揭两头对流;另一种是从棚南侧逐渐打开边膜放风,也可在南侧膜上每隔2米挖10厘米见方的通风孔。通风应掌握循序渐进,逐步适应的原则,防止冷风伤苗。遇有寒流时还要加盖草帘保温防寒。当外界气温稳定在18℃以上时,可将棚膜昼夜打开。在开花前1周左右,瓜蔓上有15片叶,外界最低气温在12℃以上时,即可考虑撤去小拱棚。

南方地区的西瓜小拱棚栽培可采用1米以上的跨度,全生育期盖棚以克服梅雨对坐瓜的不利影响。一般在定植后第一周要加强保温,促进缓苗,不揭棚通风。此后根据天气和温度情况,白天揭开棚膜通风,夜间覆盖棚膜保温,并随天气渐暖由小到大增加揭膜通风的幅度,但在开花坐瓜期间,要注意利用拱棚顶膜的遮阳作用,保证授粉和坐瓜。

9. 西瓜小拱棚栽培采用何种方式提早采收?

西瓜小拱棚栽培提早收获,季节差价较大,经济效益显著,为此生产上多采取如下措施。

第一,果实充分长大,已定个时,用100~300毫克/升乙烯利溶液加少许肥皂粉喷布果面,可提早成熟5~7天。

第二,标记早熟,即在留瓜雌花授粉后,旁边插1根长50厘米、顶端涂颜色的木条,每2天更换一种颜色,记载何日插何色条,而后按品种熟期日数,抽样切瓜查验,保证适期采收上市。标记法较常规形态及物理判别法准确可靠，能充分发挥早熟栽培作用。

10. 西瓜小拱棚栽培时如何选留二茬瓜？

小拱棚西瓜由于成熟期提早，在第一茬瓜采收后，气候条件仍较适宜西瓜的生长发育时，可以选留二茬瓜。若想获得较高的二茬瓜产量，必须具备以下几个条件：①头茬瓜熟期必须早。二茬瓜应赶在炎热多雨的季节前成熟，否则二茬瓜产量将受到影响。②防止瓜秧、茎、叶损伤。一方面是加强病虫害的防治工作，另一方面是不要造成人为的损伤，在采收头茬瓜时，田间作业一定要小心。③加强肥水管理。土壤中的养分和水分供应不足时，植株会因脱肥而早衰，如不增肥浇水，二茬瓜就不能正常生长。

若管理得当，第二茬瓜与普通露地栽培相差不大，增收潜力很大，二茬瓜产量可占总产量的 1/3 左右。其管理要点为：头茬瓜采收前 10～15 天，在生长健壮的侧蔓上选留二茬瓜。头茬瓜膨大时，每隔 7 天喷 1 次 0.3%～0.5%磷酸二氢钾溶液进行叶面补肥；头茬瓜采收前 2～3 天，每 667 平方米追施磷酸二铵 15 千克，促进二茬瓜膨大。头茬瓜采收后，及时清除杂草及枯萎病叶，加强通风透光，促进二茬瓜生长发育。

选留二茬瓜的具体方法是：在头茬瓜基本定个后（在采收前 7～10 天），在西瓜植株未坐瓜的侧蔓上选留 1 朵雌花坐瓜。若头茬瓜坐在侧蔓上，那么二茬瓜可在主蔓上选留。若采用三蔓整枝，则可同时在未坐瓜的另两条蔓上选留二茬瓜，待幼瓜坐稳后，再选定一个生长好的幼瓜，及时摘除多余的幼瓜。二茬瓜的坐瓜部位要求不严，只要能坐住、果实周正就行。

六、西瓜塑料大棚栽培

1. 大棚栽培西瓜如何整地做畦?

大棚西瓜由于种植密度大、产量高,因此要求精细整地,施足基肥。大棚栽培时整地要求冬前深耕(一般25厘米),进行冻垡。定植前先施基肥,然后整地做畦。若利用冬菜或早春育苗的棚时,应在定植前10天清园,深耕晾垡,撒施基肥,平整土地。

塑料大棚栽培由于种植密度大、产量高,对养分的需求量大,因此整地时应施足基肥。基肥应以有机肥为主,配合施用适量化肥,一般每667平方米施优质厩肥5 000千克,或优质腐熟鸡粪2 000千克,配合施入硫酸钾15～20千克、过磷酸钙50千克、腐熟饼肥100千克。基肥量的一半结合翻地全园施用,另一半施入瓜沟中,浇水造墒后即可做畦。

为了节省地膜、小拱棚和草苫用量,大棚西瓜畦最好做成宽畦,采用大、小行定植瓜苗。做畦方法可参照小拱棚栽培。

大棚最好在定植前15天建好,采用"大棚＋小棚"、"大棚＋小棚＋草苫"栽培形式时,应在定植前5～7天把小棚建好并盖上小棚的棚膜和地膜,以提高地温,定植时揭开小棚的棚膜栽苗。

2. 大棚栽培西瓜如何选择品种?

塑料大棚西瓜以早熟为目的,大多选用早熟或中早熟品种,以提早结瓜,提前上市。但由于西瓜早熟品种的单瓜较轻、且大多不耐运输,故在不少地方现已开始改用中、晚熟西瓜品种进行大棚西瓜栽培,以利用中、晚熟西瓜品种产量高、耐运输等优点提高产量和收入。但具体选择西瓜品种,还应根据当地的市场需求情况、西瓜的外销量等综合考虑。一般来说，在消费水平较高的大、中城市郊区栽培西瓜，以当地销售为主时就要优先考虑早熟和中早熟品种，以早上市为主要目的；如西瓜以外销为主时，不管是在什么地方栽培，都要优先选择耐运输、耐存放的中、晚熟西瓜品种。此外，大棚栽培时还可适当种植一些档次较高的“新、奇、特”的品种来调节市场，提高经济效益。

塑料大棚内的环境条件与露地相比，由于光照较弱，早春栽培时温度较低、湿度较大，易生病害，所以大棚栽培的品种还应具有低温生长性和结瓜性好、耐潮湿、耐弱光、抗病、丰产等特点。

3. 大棚栽培西瓜如何确定播种期？

塑料大棚栽培一般采用温床育苗，也可在定植西瓜的大棚内育苗。育苗期要根据大棚西瓜的栽培形式和品种选用情况进行确定。一般来说，采取单层大棚保护栽培形式时，大棚的保温能力有限，可较当地露地西瓜的育苗期提前 40 天左右；如果采取“大棚＋小拱棚”双膜保护栽培形式，育苗期可提前 50 天左右；如果采取“大棚＋小拱棚＋草苫”二膜一苫栽培形式时，育苗期可提前 60 天左右。早熟品种的育苗期短，可适当晚播种 5～10 天，中、晚熟品种的育苗期长，育苗时间要适当提早。

当幼苗的日历苗龄达 30～40 天，生长有 4～5 片真叶时即可定植。

4. 大棚栽培西瓜如何定植？

(1)定植时间 当大棚内的日平均气温稳定在 15℃以上，凌晨最低气温不低于 5℃，10 厘米地温稳定在 12℃以上时即可定植。如采取双膜大棚保护栽培时，华北大部分地区以 3 月中下旬定植为宜；如果采取“大棚＋小拱棚＋地膜＋草帘”覆盖保温栽培形式，可于 2 月中下旬定植。

(2)定植密度 大棚西瓜生长快，瓜秧较大，瓜田封垄早，西瓜的种植密度不要太大。一般采取双蔓或三蔓整枝栽培时，每667平方米早熟品种以1 000株左右为宜，中、晚熟品种以500～800株为宜。

(3)定植方法 定植前5～7天先盖好地膜，以增温保墒。定植时确定好株距后，在栽苗部位打孔，然后栽苗、浇水、覆土。定植深度以营养土坨的表面基本与畦面相平为好，若幼苗下胚轴较高，则定植深度可稍深。定植结束后，立即搭架，扣上小拱棚，一般上午定植，下午扣小拱棚，以迅速提高棚内温度。

定植后大棚内应全园覆盖地膜，一方面可提高地温，保持土壤水分，另一方面可降低棚内湿度，减轻大棚内病害、草害的发生。

(4)大棚定植时应注意的问题 ①应该把瓜苗按大小分区定植。由于大棚中部的温度高，有利于瓜苗的生长，要把小苗和弱苗栽到大棚的中部。大苗和壮苗要栽到温度偏低的四边，以利于全棚瓜苗的整齐生长。②要保护好幼苗的根系。由于大棚西瓜多用大苗定植，根系比较发达，木质化程度较高，定植时容易伤根，根系一旦受到损伤就不易再生，因此要注意保护好根系，在起苗、运苗和栽苗的过程中要轻拿轻放，防止营养土坨破碎。③应选择连续晴天时的上午定植，以利于缓苗。

5. 大棚栽培西瓜如何整枝压蔓？

大棚内由于栽培密度大，应严格进行整枝和打杈。早熟品种一般采用双蔓整枝，中、晚熟品种一般采用双蔓整枝或三蔓整枝。坐瓜后的瓜杈视瓜秧长势确定是否去除。若瓜秧长势较旺，叶蔓拥挤，则应少留瓜杈；若不影响棚内的通风透光，坐瓜部位以上的瓜杈则可适当多留。可在坐果部位以上留15片叶打顶(摘心)。

大棚西瓜一般不会发生风害，西瓜压蔓主要是为了使瓜蔓均匀分布，防止互相缠绕。压蔓时用“∧”形树枝或铁丝进行压蔓。

一般情况下，一株的瓜蔓应伸向同一个方向，但大棚栽培时为了提早成熟，方便管理，可采取大、小行种植，将一株的瓜蔓朝相反方向爬。具体做法是：双行的地面中间只栽1行苗，苗密度加倍，整蔓时主蔓结瓜需高温、人工授粉，可朝棚中间爬蔓；侧蔓则朝棚边方向爬。

6. 大棚栽培西瓜肥水如何管理？

(1)追肥 大棚内温度高、湿度大，有利于土壤微生物的活动，土壤中养分转化快，前期养分供应充足，后期易出现脱肥现象。所以，追肥重点应放在西瓜生长的中后期。一般做法是：在施足基肥时，坐瓜前可不追肥；否则，就应在伸蔓初期追1次肥。开花坐瓜期可根据瓜秧的生长情况，叶面喷2次0.2%磷酸二氢钾溶液，有利于提高坐瓜率。坐瓜后及时追肥，结合浇水，每667平方米冲施三元复合肥30千克左右，或尿素20千克、硫酸钾15千克。果实膨大盛期再随浇水冲施1次，每667平方米冲施尿素10～15千克，保秧防衰，为结二茬瓜打下基础。在头茬瓜采收、二茬瓜坐瓜后，结合浇水再冲施1次，每667平方米冲施尿素10～15千克、硫酸钾5～10千克，同时叶面追肥1～2次。

(2)浇水 一般缓苗后，浇1次缓苗水，之后如果土壤墒情较好，土壤的保水能力也较强时，到坐瓜前应停止浇水，以促进瓜秧根系深扎，及早坐瓜；如果土壤墒情不好，土壤的保水能力又差时，应在瓜蔓（主蔓）长到30～40厘米时，轻浇1水，以防坐瓜期缺水。幼瓜坐稳进入膨瓜期后，要及时浇膨瓜水，膨瓜水一般浇2～3次，每次的浇水量要大。西瓜“定个”后，停止浇水，促进果实成熟，提高产量。二茬瓜坐瓜后，连浇2～3水，收瓜前1周停止浇水。

7. 西瓜大棚栽培时的温度如何管理？

(1)大棚温度管理的一般原则 大棚是一个密闭的环境，棚内的温度变化有其自身的规律。一般晴天日出后棚温便开始上升，8时以前上升较慢，8时以后气温上升加快，温度升高最快时每小时可升高5℃～8℃，日最高气温出现在中午12时至13时，比外界最高气温出现的时间要早；下午14时至15时后，棚温开始下降，平均每小时降温5℃左右；日最低棚温出现在日出之前，持续时间较短。单层大棚棚内的最低气温一般比露地高1℃～5℃，大多情况下高3℃左右。

大棚的温度管理一般要掌握以下原则：①在缓苗期要保持较高的棚温，一般白天温度保持在30℃左右，夜间温度保持在15℃左右，最低不低于8℃，温度再低时要增加保温措施。②进入伸蔓期后棚温要相对降低，一般白天气温控制在22℃～25℃，夜间气温控制在10℃以上。③进入开花坐瓜阶段，棚温要相应提高，白天温度保持在30℃左右，夜间温度不低于15℃，否则将引起坐瓜不良。④进入果实膨大期后，外界气温已经升高，此期棚内的温度有时会升得很高，要适时放风降温，把棚内气温控制在35℃以下，但夜间仍要保持在18℃以上，否则不利于西瓜膨大，易引起果实畸形。

(2)大棚的温度调节措施

①保温措施　大棚的保温措施比较多，常用的有以下几个：一是大棚封闭要严密，避免漏风。二是棚内进行多层覆盖。大棚内进行的多层覆盖主要有加盖小拱棚、加盖保温幕（在棚膜下横拉一层铁丝网，在网上铺盖的一层薄膜、纸被或无纺布等称为保温幕）和加盖草苫等形式。在大棚内加盖小拱棚，可使温度提高2℃～3℃。加盖保温幕也可使瓜苗附近的温度提高2℃以上，加盖一层厚3厘米左右的草苫，可使小拱棚内的温度提高5℃以上，保温效果十分明显，但费用较大。三是棚外围盖草苫、秸秆等。在大棚四周立草苫、秸秆等，可使大棚四周的温度提高2℃～3℃或更高，并且费用低，适合在农村推广使用。四是挖防寒沟。防寒沟的具体

挖法是：在大棚的内侧或外侧，沿棚边挖一条深40厘米以上、宽30厘米左右的沟，在沟内填入碎干草或马粪，上面盖干土封沟。由于防寒沟把大棚内、外的土壤分隔开来，减少了大棚内的土壤热量向外散失，从而有利于保持大棚内四周较高的地温和气温。

②增温措施　大棚的增温措施主要有：一是点火堆。就是在大棚内直接点燃柴草加温。该增温法较为简单，且增温快、费用低、省工省力，较受欢迎。但点火堆增温冒烟较多，容易发生烟害，故用该法增温时必须注意要用易燃烧、冒烟少的柴草点明火，严禁熏烟；火堆不要太大，且要远离瓜秧和棚膜；点火时间不要太长，以防棚内的烟尘太多，对西瓜产生危害，一般每天夜间的上、下半夜各点火1次、每次点火20分钟左右即可；点火后，要尽早通风排除棚内的烟尘。一般白天棚内升温后，要及时通风，换进新鲜的空气。二是点火盆。就是把烧透烧红了的火炭放入火盆内，把火盆均匀排放到大棚内或端着火盆在棚内来回走动，使棚温升高。三是点火炉。就是在大棚内支炉点火，使大棚增温。该法因设有烟道，不易发生烟害，加温幅度也易于控制，加温效果较好。但点火炉法需专门设备，投资较大，生产上应用不多。

③降温措施　当大棚内的温度超过西瓜的生长适温时，就应该采取降温措施进行降温。常用的降温措施：一是通风。通风是降低大棚温度最常用的方法。二是遮阳。进入夏季后，棚温也进入一年中的最高时期，此期只靠通风往往难以使棚温降到西瓜正常生长的温度范围内，必须借助遮阳来降低棚温。大棚遮阳常用的方法是向棚面上喷洒白石灰水，利用白灰的反光作用，减少大棚的透光量，从而达到降温的目的。

8. 西瓜大棚栽培时的湿度如何管理？

大棚密闭，空气难以流通交换，因此一般空气湿度较大，并随着棚内温度和土壤湿度的变化而变化。当棚内气温升高后，空气湿度下降；棚内气温降低时，空气湿度升高。晴天、风天棚内空气湿度较低，阴天和雨雪天棚内空气湿度较高。白天通风后，棚内空气湿度下降，下午关闭风口后棚内空气湿度开始升高，并随着夜间棚温下降而迅速增加，日出前棚内空气湿度达到峰值，一般为90%以上，大棚边缘处甚至可达到饱和状态。空气湿度还受土壤湿度的影响，土壤水分蒸发和植株叶面蒸腾是大棚内水气的主要来源。通过合理控制浇水量也可以间接调控大棚内空气湿度。由于地膜具有抑制土壤水分蒸发和保墒的作用，在棚内畦面覆盖地膜既可起到降低空气湿度的作用，又可减少西瓜生长前期的浇水量。但到西瓜生育中后期，由于叶片蒸腾量的大大增加，降低棚内空气湿度主要应靠通风换气排湿，使棚内空气相对湿度保持在白天55%～65%、夜间75%～85%这样一个适宜西瓜生长发育的水平。有条件的地方还可积极采用膜下滴灌的技术。

9. 西瓜大棚栽培时的光照如何管理?

塑料大棚内光照强度直接影响西瓜的光合效率，棚内光照强度因天气、地区纬度和时间等因素而变化，并随着外界光强的增加而增加。在棚内空间的光照强度自上而下减弱，棚内上部约为自然光照的61%，距地面150厘米处为自然光照的35%，近地面处为自然光照的25%。南北方向的大棚，上午光照强度是东强西弱，下午则相反西强东弱，南北两端差异较小。大棚内再建小棚，保温效果虽有改善，但多层膜的透光量较单膜减少率为40%～58%。棚内立柱多少和棚膜种类、新旧、受污染程度等均可影响棚内的光照强度。

提高棚内光照强度首先要尽量选用无滴膜，以避免因棚膜表面结露珠影响透光率。其次，要注意管理作业时保持棚膜清洁，减少灰尘、泥土等附在棚膜上降低光照强度。三是合理密植，加强整枝和打杈工作，防止枝叶郁闭，保证棚内良好的通风透光条件。

10. 西瓜大棚栽培时的气体如何调节？

大棚内气体的调节主要有两个方面的内容：一是补充二氧化碳（CO_2），二是防止毒气的积累。

二氧化碳是植物进行光合作用的原料。大棚中二氧化碳的来源主要有三个方面：一是植物呼吸作用释放出的二氧化碳；二是土壤中有机物分解释放出的二氧化碳；三是通风换气时补充的二氧化碳。夜间西瓜呼吸作用和土壤微生物分解释放出的二氧化碳集中于棚内，早晨太阳出来后，西瓜进行光合作用时所消耗掉的二氧化碳大于西瓜呼吸作用和土壤中有机物分解释放出的量，棚内二氧化碳含量迅速降低，到中午前后棚内大气中二氧化碳含量就会降低至补偿点以下，若为了保温而不能及时通风补充二氧化碳的话，就会影响西瓜的光合作用，进而妨碍西瓜生长。因此，必须人工补充二氧化碳。在生产中可用液体的二氧化碳，或增施二氧化碳气肥；同时，可增施有机肥，促进微生物活动，加大土壤中的二氧化碳释放量；还可用化学反应的方法释放二氧化碳。

在密闭的大棚内，往往造成毒气积累，当毒气浓度增大时会引起西瓜植株受害，并危害操作人员的身体健康。大棚内的毒气主要有：肥料分解过程中产生的氨气、二氧化氮，塑料制品所释放的有毒物质，还有大棚附近工厂等侵入的亚硫酸气体等。避免毒气危害的措施：首先，要及时通风；其次，施用充分腐熟的有机肥。

11. 如何提高塑料大棚西瓜坐瓜率和瓜品质？

塑料大棚西瓜一般在 4 月下旬至 5 月上旬开花，因这时棚内无昆虫活动，必须进行人工授粉。根据大棚西瓜开花特性，授粉时间以上午 8～9 时为宜，阴雨天可适当推迟。也可在阴雨时提前 1 天取回含苞雄花，置室内干燥处在翌日上午开放后授粉。为提高坐瓜率可给主、侧蔓上雌花都授粉，也可给第一、第二、第三雌花均授粉，以便有选瓜余地。为保证坐瓜稳妥，还应选择耐低温、耐弱光、易坐瓜的品种在大棚种植。

为提高单瓜重和使果形端正，应尽量选留第二雌花上坐的瓜。当幼瓜长到鸡蛋大小时，应在每株选留 1 个瓜柄粗、瓜形圆正、发育快的幼瓜，并优先留主蔓上的幼瓜，将其余的瓜摘除。大棚搭架栽培的西瓜，由于果实生长在良好的气候下，只要加强管理，就可生产出瓜形端正，皮色鲜艳、品质上乘的优质商品瓜。

12. 西瓜大棚缓苗期死苗的原因及防止对策有哪些？

在瓜苗定植后至缓苗前的一段时间里，经常会出现幼苗死亡的现象，对生产造成一定的影响。造成西瓜缓苗期间死苗的原因比较多，主要有以下几个。

(1)棚内温度过高或过低导致死苗 棚内气温过高时，容易造成瓜苗失水萎蔫，使茎、叶干枯死苗。此外，瓜畦覆盖地膜后，在强光的照射下，地温也往往升得较高，如果浇水不足，也容易因高温伤根而导致死苗。棚内温度偏低，尤其是定植后遭遇连阴天、地温长期偏低时，根部极容易受到伤害，而导致死苗。封棚不严或棚膜破裂较多，漏风处也常常会因冷风直吹瓜苗，而造成周围瓜苗受冻死苗。

(2)定植质量差 定植过程中，瓜苗伤根严重，棚温又较高时，瓜苗容易枯死。定植时底墒不足，定植水又较少，也容易在高温期导致瓜苗枯死。土质偏黏、浇水又太多，土壤长时间透气不良，容易因烂根而造成死苗。

(3)施肥不当 施肥浅，粪块较大，栽在粪块上的瓜苗容易因烧根而发生死苗；施肥量大，施肥又不匀，施肥较多的地方也会因烧伤瓜苗的根而发生死苗。

(4)病虫危害 地下害虫咬断幼茎或咬伤根部，以及瓜苗发病等均能导致死苗。

为了预防和减少死苗，一要选用壮苗和无病苗进行定植；二要于定植前对瓜苗进行适应性锻炼，增强瓜苗的耐旱和耐低温能力；三要提高定植质量，按规定要求起苗、运苗、栽苗和浇水等；四要提高施肥质量，均匀施肥和适量施肥；五要加强缓苗期间大棚的温度管理，避免棚温过高或过低；六要加强西瓜病虫害的防治，应结合整地和做畦，撒毒饵诱杀地下害虫，并在定植穴内浇百菌清或多菌灵、福美双等药液灭菌后再栽苗，以减少发病。

13. 怎样利用中、晚熟品种进行大棚西瓜早熟栽培？

采用早熟品种进行大棚西瓜早熟栽培是一种常用的栽培模式。近几年经过多年试验，利用中、晚熟品种进行早熟栽培均获得了成功。同等条件下，利用中、晚熟品种进行早熟栽培，虽比早熟品种晚上市 3～5 天，但瓜大，质优，产量高，效益好。一般上市平均单瓜重 6 千克左右，每 667 平方米产 4 000 千克，产值可达 9 000 元左右。现将其栽培技术介绍如下。

(1)选用适宜品种 大多数中、晚熟品种不宜作早熟栽培。生产实践证明：齐红、丰收 1 号、黑蜜 2 号等是目前较适宜的品种。由于头茬瓜花粉不足，因而需混植 5%新红宝作为授粉株。

(2)三膜一帘多层覆盖 大棚高 1.7 米，跨度 7 米，长约 100 米，东西走向，竹结构。大棚内设高 0.8 米，宽 1.2 米的小拱棚 2 个，大、小棚膜均为 0.06 毫米聚乙烯农膜，小棚内覆地膜，小拱棚外夜间覆 2 厘米厚草帘，大棚在封冻前建好。

(3)增温育苗 中、晚熟品种需要较高的温度，因此要采取增温措施育苗。苗床设在栽培大棚内。在大棚中央南侧做畦，畦北埂为棚中心，畦宽 1.5～2 米，高 5～6 厘米，长随育苗数而定，四周起埂高 15 厘米。畦北面埋一行竹竿，挂一排与棚同高的草帘，帘北面覆一层薄膜。畦上排放营养钵，上盖地膜提温备播。播种后盖地膜，畦上架 0.8 米高小拱棚覆盖薄膜后夜间盖 2 厘米厚草帘。

若为重茬地栽培,则应采用嫁接栽培或抗枯萎病耐重茬的中、晚熟优质品种。

(4)精细整地,合理施肥 建棚前按每棚种 2 行西瓜,瓜行距棚边 2 米,在棚内两侧挖沟,沟宽 1.5 米、深 25 厘米,挖出的熟土放在沟两边,再深翻 30 厘米,然后将挖出的土 1/2 回沟整平。做瓜沟时每 667 平方米施腐熟有机肥 5 000 千克、磷酸二铵 70 千克、硫酸钾 50 千克、豆饼 70 千克。有机肥全面撒施,化肥集中施入沟内,混匀后浇水。最后将挖出土的另 1/2 回沟,整成高 8 厘米的垄,以备定植。

(5)适时定植,适当稀植 瓜苗 4 叶 1 心时(苗龄 40～50 天)定植,一般于 2 月下旬选晴天上午 9 时至下午 13 时定植。定植前在畦中间挖深 15 厘米的定植沟,挖出的土放在沟两侧。沟内按每 667 平方米施磷酸二铵、硫酸钾、碳酸氢铵各 15 千克,锌肥 2～3 千克,硼肥 1.5 千克。土肥混匀浇水,按株距 38 厘米定植,并做成高 5 厘米圆弧形。每 667 平方米栽瓜苗 500 株。定植后覆地膜,对准秧苗开"T"字形口将苗放出,撑小拱棚,覆薄膜,夜盖草帘。

(6)合理整枝浇水 采用"1 主 3 辅"留蔓法:即 1 条主蔓结瓜,向棚中间爬,3 条辅蔓向棚边斜爬。瓜蔓每生长 30～50 厘米进行整枝压蔓,使其分布均匀。头茬瓜定个后在瓜蔓基部再留 1 条副蔓结二茬瓜,副蔓向棚中间爬。定植后浇 3 水,坐瓜后浇第一水促瓜;西瓜定个后浇第二水;头茬瓜收获后浇第三水,促结二茬瓜。每次结合浇水追施尿素每 667 平方米 25 千克。

(7)人工辅助授粉 选择主蔓第二雌花留瓜,头茬瓜用同一个品种授粉,二茬瓜用另一个品种授粉,授粉后挂牌标记。

14. 大棚西瓜肉质恶变的发生原因及防止方法有哪些?

西瓜肉质恶变一般称倒瓤瓜、水脱瓜,夏季又称高温发酵瓜。

近年来,大棚栽培西瓜发生肉质恶变的现象越来越多,有时甚至成为主要病害。大棚西瓜肉质恶变在夏秋茬种植发生较为普遍,在春茬结果期遇上台风或连续降雨、水浸等也较易发生。发病率一般在5%～20%,严重的达到80%～100%,这大大影响了西瓜的正常生长,给瓜农造成了巨大的经济损失。经过多年大棚西瓜栽培管理,现将大棚西瓜肉质恶变的发生原因及防止方法总结如下。

(1)发病症状 发育成熟的果实,在外观上与正常瓜一样,但拍打时发出当当敲木声,与成熟瓜、生瓜不同。剖开西瓜时种子周围的瓜瓤呈水渍状,紫红色,瓜瓤肉质不佳,严重的病瓜种子周围的瓜瓤变溃烂,同时可闻到一股酒味,失去食用价值。倒瓤西瓜外表与一般西瓜没有很大差异,叶片、茎蔓及果实外表没有明显的症状,只有切开后才能发现肉质恶变。

(2)发病原因 西瓜肉质恶变是生理病害。果实膨大期任何管理不当造成的果实营养、水分供应不良,均会导致新陈代谢紊乱而造成病害发生。

日本也有人认为果实在花后20天,由于土壤水分骤变、高温、叶面积不足等因素容易引发此病。原因是土壤水分骤变会降低根系活性;还由于某些因素导致叶片受障碍,加上高温,使果肉内产生乙烯,引起呼吸异常,使肉质变劣。此外,坐瓜后的植株感染黄瓜绿斑花叶病毒也会引起果实的异常呼吸而发生果肉恶变。

总的来说,一般认为其发生的主要原因有:①长期处在35℃以上的高温条件下,抑制了叶片的光合作用。②空气相对湿度长期在85%以上,降低了蒸腾作用,影响根系的吸收力。③光照过强,特别是久旱后暴晴,使叶片、果实温度过高,破坏了细胞正常的生理功能。④在连阴天后骤晴时如植株出现叶烧症,也容易使瓜肉恶变。⑤膨瓜期干旱缺水;或浇水太多造成水涝,及土壤干湿剧变等影响营养的制造。⑥坐瓜后大量整枝,减少了果实内的营养供应。⑦坐瓜后缺肥、植株早衰;或者植株长势衰弱。⑧病毒病或炭疽病发生严重；在果实发育中后期，如果发生绿斑病也会使瓜瓤软化甚至产生异味。此外，如果植株发生绵腐病、疫病、日灼病等亦可导致瓜瓤变色、变质甚至失去食用价值。⑨收了不太成熟的西瓜后，采用从果柄处注入乙烯利等催熟剂，也会造成肉质恶变。⑩西瓜在生长过程中，根系会分泌出一种叫水杨酸的有害物质，多年重茬种植会使该有害物质大量积累，单一酸化持续发展，后茬栽植的西瓜根系会受到这种有害物质的侵染而发生病害，影响植株生长。

(3)防止措施

①注意品种选择　夏秋茬西瓜种植要挑选一些较抗病毒病、耐高温、生育强健、不易早衰的品种。西瓜对肉质恶变抗病能力强弱为：黄肉瓜＞红肉瓜，绿皮瓜＞黄皮瓜，中、晚熟品种＞早熟品种。其中又以黄皮瓜抗肉质恶变能力最差。在夏秋茬种植黄皮瓜发病率一般高达80%以上，此季节不提倡种植。在夏茬以中、晚熟西瓜及黄肉瓜种植为佳，品种如黑美人、甜美人、黑帅等。

②加强温、湿度管理　夏季高温时，果实要用叶片覆盖，避免受阳光暴晒，如果叶片不够用，可用报纸或杂草覆盖。覆盖果实可以降低果实温度，减少肉质恶变发病概率。如果条件许可的话，在夏、秋季大棚增加降温措施，如打开前后膜及侧膜，增加通风量达到降温、降湿；在大棚外部增设50%的外遮阳膜；还有增加风机、水帘设施、棚内喷雾、加强淋水等都可以降低棚温。在夏、秋季尽量控制棚温在35℃以下，最好不要超过40℃。平时棚温不低于20℃，均要进行放风。通风降湿降温是减少肉质恶变发生的重要途径。

③进行基质处理及栽培土壤选择　大棚基质栽培要调配好基质的性状，如pH值、EC值、通气保水性、土壤孔性等。北京市农林科学院陈春秀等研究得出该病在不同质地土壤的发生程度顺序为：盐碱地＞黏性土＞壤土＞砂壤土＞沙土，在沙土地种植西瓜几

乎没有发生肉质恶变。

④合理整枝及进行根部环境处理　适当整枝，必要时留 1～2 条侧枝确保植株有一定的功能叶面积，保持较高的光合效率，促进果实的正常发育；同时在干旱情况下不要进行整枝。在西瓜根部附近地面铺一些稻草或其他覆盖物，可起到春季保温、夏季降温、保水保湿，减少天气变化对根部的不良影响，可一定程度上降低肉质恶变的发生的作用。

⑤加强肥水管理及病害防治　做好大棚周围的排水设施，防止水浸。坐瓜后需肥需水大增，要适度追肥及增加浇水量，喷施中、微量元素叶面肥，使植株生长强健，提高植株抗逆能力，防止早衰现象的产生。坐瓜前追肥氮：磷：钾＝1：1：1；挂果后追肥氮：磷：钾＝2：1：3，忌单施氮肥，同时重施基肥（有机肥为主）；浇水以滴灌及小水勤浇为佳，忌大水漫灌。病害方面以病毒病、炭疽病、绵腐病、疫病、日灼病等防治为主。

⑥连茬地处理　尽量避免连茬种植，防止连作障碍的产生。如无法避免，最好对土壤或基质进行水洗，以降低有害物质的浓度，减少病害的发生。

15. 塑料大棚采用支架或吊蔓栽培西瓜时以多大密度为宜？如何进行植株调整？

为了充分利用大棚设施及棚内空间，现在很多地区普遍采用支架或吊蔓栽培西瓜，栽培密度一般以每 667 平方米 1 800 株为宜。

采用支架或吊蔓栽培时，坐住瓜后将瓜放回地面，瓜节以上茎蔓仍上架或吊起来。一般采用双蔓整枝。即除保留主蔓外，在主蔓 3～5 节上选留 1 条健壮侧蔓。同时，将 1～2 节上的侧蔓埋入土中，使叶柄与叶片露出地面，其作用是固定植株，产生不定根以增加肥水吸收面积。其余侧枝全部摘除。坐住瓜后，如果茎叶生长仍较旺盛,相互遮荫严重,还要打掉多余侧枝。否则,就不需要打杈了,以保证有足够的叶面积。此外,在瓜上留一定叶片后摘心,侧蔓长势较旺时也进行摘心,以减少营养物质的消耗,促进瓜膨大,提早成熟。

16. 怎样进行塑料大棚西瓜的搭架和吊蔓?

塑料大棚西瓜一般采用搭架和吊蔓的方式,采用搭架栽培时,首先在每株西瓜苗旁插 1 根竹竿,然后在每隔 50 厘米高处用铁丝将每行的竹竿都连起来,每行大约连 3 道即可。绑蔓时,使瓜蔓顺着竹竿向上爬,遇到铁丝时瓜蔓顺铁丝爬,遇到下根竹竿后再延竹竿上爬,然后顺第二条铁丝折回来。需注意的是,竹竿上绑 3 道铁丝时则最好先从每行的南头(即大棚的前边)绑起,绑 4 道铁丝时则最好从北头绑起。这样,可使蔓高度北移,延缓前排瓜顶到棚膜上。

吊蔓栽培时,首先在瓜行上空南北拉 1 条铁丝,然后垂直吊下塑料绳,将瓜蔓吊在绳的一端,随着瓜蔓的生长,使瓜蔓缠绕上爬。

这两种绑蔓的方法各有优缺点。搭架方法可充分利用空间,同时,可相对延缓瓜蔓顶到棚膜上,但这种方法成本较高;吊蔓的方法比较经济,坐住瓜后放回地面即可,生产中采用较多。

七、西瓜秋延后栽培

1. 西瓜秋延后栽培的品种如何选择?

秋延后栽培的西瓜生育期较短,前期高温高湿,昼夜温差小,后期常遇低温阴雨天气,天气条件多变,对品种的要求严格,栽培时宜选用优质、高产且耐高温高湿、雌花分化好、易坐瓜、果皮较韧、耐贮运和抗病性强的早熟或中熟品种。早熟品种可选用京欣1号、郑抗6号、少籽巨宝、郑抗7号、苏蜜1号和小果型礼品西瓜等,中熟品种以丰收2号、少籽冠龙、帝龙、西农8号等为宜。

2. 西瓜秋延后栽培时如何整地做畦?

(1)做畦 秋延后栽培的西瓜不仅要考虑到前期的排涝问题,还要考虑到干旱时能及时浇水,除注意选择地势高燥、土质肥沃、排灌方便的地块外,还必须采用起垄或开沟栽培。栽培的形式主要有以下几种。

①单行栽培 宜采用小高垄栽培,一般垄高15～20厘米、垄底宽50厘米。株、行距可采用0.5米×1.5米或0.4米×1.7米。

② 双行栽培 宜采用小高畦,畦高15～20厘米、上宽50厘米、下宽60～80厘米,一般株、行距0.5米×3米或0.4米×3.5米,两行西瓜分别向相反方向爬蔓。

③宽高畦栽培 畦宽3.5～4米,畦间有水沟,深15～20厘米、宽0.3～0.5米,沟两边各栽1行西瓜,株距0.4～0.5米,分别朝相反方向爬蔓。

(2)土壤消毒 秋延后栽培的西瓜适逢各种病、虫害的多发期,如枯萎病、炭疽病、病毒病、根结线虫等易发生和流行。其中枯萎病、根结线虫均为土壤传播的病虫害，一旦发病，地上部防治很难奏效，最简便、有效的办法就是进行土壤消毒。土壤消毒一般在播种或定植前处理，也可结合土壤耕翻进行。防止西瓜枯萎病土壤消毒常用的药剂有 50%福美双可湿性粉剂，瓜田撒施每 667 平方米用量 1 千克左右；50%多菌灵可湿性粉剂 400～600 倍液或 70%甲基托布津可湿性粉剂 600 倍液，灌穴或喷洒种植行土壤，也可按 1∶100 的药、土比例配成药土，每 667 平方米用药量 1～1.5 千克，施入定植穴内或播种穴周围。

3. 西瓜秋延后直播栽培时如何保苗?

(1)播期选择 西瓜秋延后栽培的前期气温较高，瓜苗生长发育的速度很快，从播种至开花坐瓜仅需 30～40 天，果实发育约需 30 天，全生育期 80 天左右。后期随着温度的下降，其生长发育的速度渐缓，若栽培过晚，低温会影响其果实发育，产量和品质也随之降低。因此，在播期上应根据西瓜对温度的要求和西瓜上市供应的时间来综合考虑。西瓜果实生长期最适宜温度为 18℃～32℃，低于 15℃则生长停滞，此间较大的昼夜温差和充足的光照有利于果实膨大和内部糖分积累。华北地区一般 8 月下旬至 9 月下旬天气以晴为主，日照充足，昼夜温差大，温度在 16℃～25℃，可以满足膨瓜期的需要。另外，从市场销售情况看，国庆节前后需要量大，价格高。因此，在播期安排上，尽量使西瓜的果实发育期处在 9 月这段气候条件良好的季节。据试验，秋栽西瓜早熟品种如早花等需要≥10℃有效积温 1 650℃～1 880℃，中熟品种需要≥10℃有效积温 2 000℃～2 150℃，故早熟品种可在 7 月中下旬播种，而中熟品种于 7 月上旬播种为宜。播种过早，开花坐瓜期遇高温多雨，难以坐瓜，且易受病、虫危害；播种过晚，果实膨大期阴雨，不利于果实成熟，影响西瓜产量及品质。

(2)播种和出苗期管理 播种时，西瓜种子要用 50%多菌灵可湿性粉剂800倍液浸种消毒10～15分钟，然后捞出洗净再浸种催芽。种子“露白”后采用点播法播种，即用瓜铲开一深2～3厘米的播种穴，点水后播入2粒种子覆土封穴，覆土厚度2厘米左右，为了补苗方便，两粒种子要分开一段距离点播。

影响西瓜秋延后栽培出苗的主要因素是温度高和湿度小，为了防止幼苗出土时的高温失水或灼伤，还必须进行地膜覆盖。地膜的种类可选用银灰色膜或黑色膜，采用白色地膜时必须进行盖草或覆土遮阳降温。出苗后要及时进行掏苗、间苗、补苗，还要清除幼苗周围的杂草。如果长时间干旱，还应在植株一侧15厘米处开沟浇水，并结合浇水施入少量速效化肥，零星发现蚜虫为害时，还应立即喷药防治。

4. 西瓜秋延后栽培时如何育苗定植?

(1)育苗 7月正处于高温、强光照射和多雨季节，有时则出现高温干旱天气，育苗技术较难掌握。育苗宜采用小高畦营养钵育苗，覆盖尼龙纱网育苗效果最好，这样可有效地防水、防暴雨、防虫害和适当遮阳。或单独采用小高畦营养钵育苗，不覆盖，晴天勤浇水，雨天及时防雨覆盖也可。切忌树荫下或遮阳网覆盖育苗，这样会造成瓜苗严重徒长。育苗畦应建在地势高燥、通风透光良好的地方，一般畦长8～10米、宽1.2米。建苗床时先筑一高15厘米、宽1.5米左右的小高畦，在其上排放营养钵。营养土的配法:6份未种过西瓜的大田熟土，4份腐熟骡马粪，在每立方米床土中再加入尿素和硫酸钾各0.5千克、过磷酸钙1千克、百菌清80克，混合均匀。或用未种过西瓜的大田熟土和育苗肥直接掺和而成。排完钵后，畦内浇透水，将催芽的种子播下，覆土厚度1.5厘米左右。播完种后，插好拱架，覆盖银灰色或绿色尼龙纱网，盖上地膜，覆土或草苫遮阳即可。因为采用育苗移栽，幼苗有一定的缓苗期，故播期宜比直播早5～7天。出苗后要及时除去覆盖物，加强通风透光，适当浇水，保证幼苗生长健壮。

(2)定植 秋延后栽培的西瓜，定植适宜苗龄是15天左右，定植时以幼苗3叶1心为宜。北方地区天气多变，总的趋势是雨量大，阴雨天多，有时则会出现雨后骤晴、强光照晒的天气。定植过早，幼苗易遭受病、虫危害，尤其是容易由蚜虫传播而感染病毒病，使植株生长不良，难以坐瓜和取得高产；定植过晚，秧苗大，移栽时伤根重，缓苗期长，加之后期温度渐低，生育速度减缓，难以保证果实成熟。

(3)定植及覆盖地膜 7～8月份雨水较多，容易造成土壤养分的大量流失，形成土壤表层板结，通透性不良，同时也会导致各种土传病、虫害的严重发生，对西瓜的生长发育极为不利。因此，秋延后栽培在定植时要覆盖地膜进行保护。一般在下午开穴，移苗定植，点浇定植水，第二天上午覆盖地膜，或先盖膜后打孔定植，选择地膜同直播。这样，既可提温保墒，又能驱蚜防病。

5. 西瓜秋延后栽培时田间如何管理？

(1)追肥 秋延后栽培西瓜的生育期短，对肥料要求集中，因此基肥和追肥的施用均要求以速效肥料为主，氮、磷、钾肥适当配合，足量供应。基肥一般于整地时施用，每667平方米施腐熟的饼肥75～100千克、过磷酸钙30～40千克，或三元复合肥40～50千克。

植株伸蔓以后，需肥量增加，结合中耕追施伸蔓肥，每667平方米施腐熟饼肥30～40千克、尿素5～7.5千克，或三元复合肥15～20千克，这是一次关键性的追肥。

伸蔓后期至坐瓜以前少施追肥，尤其要控制氮肥的施用量，适量追施磷、钾肥或叶面喷施磷酸二氢钾，以利于坐瓜和防止植株徒长。

当幼瓜坐稳、长至鸡蛋大小时，要及时追施膨瓜肥。每667平方米追施磷酸二铵 15～20 千克、硫酸钾 5～7.5 千克，或三元复合肥 20～25 千克、尿素 10 千克。还可结合防治病、虫喷洒 0.2%～0.3%磷酸二氢钾溶液以提高品质。

(2)水分管理 秋延后栽培西瓜生长期间常遇高温干旱，且植株蒸腾量大，为减少高温干旱的影响，应注意及时灌溉，特别是在雌花开放前后和果实膨大期，对水分反应十分敏感，如果缺水，则秧蔓表现为先端嫩叶变小，叶色变为灰绿色，中午植株叶片萎蔫下垂。开花坐瓜期缺水，则受精过程难以进行，造成子房脱落。果实膨大期缺水，则瓜个小，产量低，品质差。生长前期干旱缺水，还容易诱发病毒病，使植株失去坐瓜能力。因此，一旦出现缺水症状时，应及时浇水，保证植株正常生长。前期温度较高时，浇水宜在早晨和傍晚进行，浇水量以离垄面 5～8 厘米为宜，浇后多余的水立即排除，以保持畦面干燥，切忌大水漫灌。进入果实膨大期后，气温渐低，浇水宜在中午前后进行，水量不宜过大，可以小水勤浇。

(3)整枝打杈 秋延后栽培以采用双蔓整枝法为好，即每株只保留主蔓和主蔓基部 1 条健壮的侧蔓。在西瓜植株生长的前期，即从团棵到坐瓜前这段时间，正处在高温高湿的条件下，植株茎叶生长旺盛，易发生徒长，侧枝大量萌生，因此双蔓整枝后，主蔓和所保留的侧蔓上叶腋内萌发的枝杈应及时打掉，保持田间适宜的群体营养面积，改善通风透光条件，控制植株营养生长，以保证坐瓜。秋延后栽培的后期，也就是从幼瓜坐住到果实成熟期，气温开始下降，光照减弱，容易导致植株早衰，此期应尽量保持较大的营养面积。坐瓜后一般不再整枝，保留叶腋内长出的所有枝杈。为防止茎叶过分郁闭而影响果实成熟，可将遮住果实的枝杈打掉或拨开，使果实露出，充分见光，以利于果实膨大和内部糖分积累，同时果皮着色亦好。

秋延后栽培，西瓜坐住瓜后，若发现植株生长过旺，应把坐瓜的茎蔓在幼瓜前留 10 片叶打顶。若仍有徒长现象，则需把另一条茎蔓多留几片叶，将顶端 5～8 厘米长的顶心掐掉。这样，既可以减少各种病虫害的发生，又能防止植株早衰，提高光合效率，使养分集中向果实运输，促进果实膨大。

另外，西瓜秋延后栽培为防止叶蔓徒长，一般不采用暗压法进行压蔓，以减少瓜蔓生根徒长或染病。

(4)护瓜保熟

①人工辅助授粉　秋延后栽培的西瓜雌花分化较晚，节位较高且间隔较大，不易坐瓜。如遇不利天气，则会推迟坐瓜时间，从而影响产量。要想在理想的节位上坐住瓜，必须进行人工辅助授粉、坐瓜灵处理和掐蔓摘心等其他管理。人工辅助授粉的具体方法详见“优质西瓜塑料大棚栽培”的有关内容；坐瓜灵处理是在雌花开放前后，用坐瓜灵液涂抹瓜柄；在雌花开放阶段，若植株徒长而不易坐瓜，可在雌花前边 3～5 片叶处把茎掐劈，也可以进行摘心控制营养生长，促进生殖生长。

②覆盖小拱棚保温　秋延后西瓜进入结瓜期后，气温逐渐下降，华北地区一般 9 月下旬外界气温降至 20℃以下，不利于西瓜果实的膨大和内部糖分的积累，必须进行覆盖保护。覆盖形式多采用小拱棚覆盖，小拱棚高 40～50 厘米、宽 1 米左右，采用厚度为 0.07～0.1 毫米、幅宽 1.5 米的农用薄膜，也可用厚度 0.05 毫米的地膜。覆盖前，先进行曲蔓，即把西瓜秧蔓向后盘绕，使其伸展长度不超过 1 米，然后在植株前、后两侧插好拱条，每隔 80 厘米左右插 1 根，将薄膜盖好，四周用土压严。覆盖前，晴天上午外界气温升至 25℃以上时，将薄膜背风的一侧揭开通风，下午 4 时左右再盖好；覆盖后期只在晴天中午小通风，直到昼夜不通风，保持较高的温度，促进果实成熟。

有条件的地方也可采用大棚保护地栽培，棚上覆盖农膜防雨，四周覆盖防虫网，这样栽培更理想。

③防治病虫害　秋延后栽培的西瓜正处在非常不利的气候条

件下，最容易遭受各种病、虫危害（大棚栽培除外）。前期如遇高温干旱极易感染病毒病，植株茎叶生长畸形，失去坐瓜能力；而在高温高湿的情况下则易感染真菌性的病害，如白粉病、霜霉病等，降低叶片的光合功能；多雨、阵风天气容易感染炭疽病及疫病，同时也易发生蚜虫、蓟马、红蜘蛛等虫害。对各种病、虫害的防治应以预防为主，加强栽培管理，采取综合措施。除适时整枝打杈，合理施肥浇水外，一旦发现病、虫害时，即应及时进行防治，具体防治方法详见优质西瓜生产病、虫、草害防治部分。

八、优质西瓜无公害栽培

1. 什么是西瓜无公害栽培?

西瓜无公害栽培就是在西瓜的生产过程中通过对西瓜产地环境的控制、肥料的合理使用以及通过病、虫害综合防治措施尽可能减少并合理使用化学农药来减少生产过程中的有害物质在西瓜果实中的积累,使西瓜果实中有害物质的含量保持在无公害食品标准允许的范围内,从而生产出无公害西瓜。

2. 西瓜无公害栽培对产地环境有何要求?

无公害西瓜的产地应选择在生态条件良好,远离污染源,并具有可持续生产能力的农业生产区域。

中华人民共和国农业行业标准《无公害食品　西瓜产地环境条件》(标准号为:NY 5110－2002)已于 2002 年 9 月 1 日开始实施,现把该标准中的环境质量指标摘录如下。

(1)产地环境空气质量　无公害西瓜的产地环境的空气质量应符合表 1 的规定。

表 1　环境空气质量要求

项　目	浓度限值	
	日平均	1 小时平均
二氧化硫(标准状态)(毫克/立方米)≤	0.15	0.50
氟化物(标准状态)(微克/立方米)≤	7	20

注:日平均指任何 1 日的平均浓度;1 小时平均指任何 1 小时的平均浓度。

(2)产地灌溉水质量 无公害西瓜产地环境的灌溉水质量应符合表2的规定。

表2 灌溉水质量要求

项 目	浓度限值
pH值	5.5～8.5
总汞/(毫克/升) ≤	0.001
总镉/(毫克/升) ≤	0.005
总砷/(毫克/升) ≤	0.1
总铅/(毫克/升) ≤	0.1
铬(六价)/(毫克/升) ≤	0.1
石油类/(毫克/升) ≤	10.0
挥发酚/(毫克/升) ≤	1.0

(3)产地土壤环境质量 无公害西瓜产地土壤环境质量应符合表3的规定。

表3 土壤环境质量指标

项 目	含量限值		
	pH值＜6.5	pH值6.5～7.5	pH值＞7.5
总镉/(毫克/千克) ≤	0.30	0.30	0.60
总汞/(毫克/千克) ≤	0.30	0.50	1.0
总砷/(毫克/千克) ≤	40	30	25
总铅/(毫克/千克) ≤	250	300	350
总铬/(毫克/千克) ≤	150	200	250

注:本表所列含量限值适用于阳离子交换量>5厘摩/千克的土壤,若≤5厘摩/千克,其含量限值为表内数值的半数。

3. 西瓜无公害栽培对品种有何要求?

用作无公害生产的西瓜品种应具备以下条件:①为了尽可能减少农药的使用,在进行无公害西瓜生产时应选择抗病、抗虫性强的品种。②在确保西瓜食用安全性的同时,为了提高种植效益,还应有好的商品性和较高的产量。因此,用于无公害西瓜生产的西瓜品种还应具备外观好、品种优、易坐瓜、产量较高且稳定等优点。③如果在早春的保护地中栽培,还应具备耐低温、耐弱光、耐湿等特点。

4. 西瓜无公害栽培有哪些方式?

西瓜无公害栽培的方式多种多样,因气候条件、栽培习惯和投资金额的不同而异。概括起来主要有地膜覆盖栽培、保护地栽培和高山栽培3种方式。

(1)地膜覆盖栽培 地膜覆盖栽培是目前西瓜生产上应用最普遍的一种栽培方式。利用地膜覆盖栽培进行无公害西瓜的生产,整个生产过程是在自然条件下进行的,不增加人为的保护设施,成本低廉,是最经济有效的无公害西瓜栽培方式。根据我国当前及今后相当长一段时期内的经济发展状况和消费水平,无公害西瓜的生产,应以供应物美价廉的产品为主。所以,在进行无公害西瓜产地规划时,应考虑以地膜覆盖栽培的生产方式为主,以满足城乡人民对无公害西瓜的需求。

地膜覆盖无公害西瓜生产,在选择基地时必须符合无公害西瓜的产地环境要求,肥料和农药的使用也必须符合无公害西瓜生产的要求,其他管理与普通西瓜的地膜覆盖栽培一样,在此不再赘述。

(2)高山栽培 高山栽培是利用高山夏季冷凉的天气生产无公害西瓜，延长西瓜供应期的一种特殊栽培方式。从栽培方式上说，虽然高山栽培属于地膜覆盖栽培的范畴，但是它是在特定区域内，特定季节中的地膜覆盖栽培方式。

我国是一个多山国家，夏季高山天气比平原凉爽，气温比平原低，形成了明显的季节差，对因地制宜发展夏季高山无公害西瓜生产栽培有其特殊作用。特别是在我国南方各大中城市，夏季炎热，高温持续时间长，利用高山夏季冷凉的气候生产无公害西瓜，不但成本低，而且环境质量好、光照强、昼夜温差大，生产的无公害西瓜品质好，销售价格高，效益显著。采用高山栽培生产无公害西瓜时，应注意以下几点：①高山上的温度较低，适合西瓜生长的时期比平原要短，因此要合理安排西瓜的种植时期，避免因温度过低而影响西瓜的生长。②在西瓜生长季节雨水不足的地区，应具备灌溉条件，雨水多的地区应注意雨水对瓜地的冲刷。在整地做畦时应考虑到便于灌溉和防止水土流失两个方面。③在进行较大规模种植时还应考虑运输条件，以免瓜熟时无法外运。

其他管理措施与地膜覆盖栽培的无公害西瓜生产基本相同。

(3)保护地栽培 保护地栽培是在外界环境条件不适于西瓜生长发育的季节，利用专门的保温防寒或降温防热等保护设备，人为地创造适于西瓜生长发育的环境条件而进行西瓜生产的一种特殊栽培方式。

保护地栽培的形式是多种多样的，目前西瓜生产上应用较多的保护地栽培形式有：塑料小拱棚、塑料中棚、塑料大棚栽培以及无土栽培。各种形式保护地栽培的常规管理技术见本书的有关章节，在此不再赘述。

5. 西瓜无公害生产过程中肥料污染来源有哪些？

肥料是西瓜增产的物质基础。合理、科学施肥是提高西瓜产量、改善品质的重要技术措施。但是,如果施肥不合理,过量施用化肥特别是氮肥,往往造成水质和土壤的污染,进而污染产品。所以,必须了解肥料造成西瓜的污染情况,明确无公害西瓜施肥的标准,掌握科学合理的施肥技术,才能生产出无污染、安全优质的西瓜产品。

西瓜的肥料来源主要有有机肥和无机肥两大类,而影响西瓜品质的主要是土壤或肥料中的重金属、硝酸盐以及营养元素失调。

(1)氮肥 西瓜施用的氮肥包括无机氮肥和有机氮肥两大类,适量氮肥是西瓜生长发育所必须的营养元素,但是氮肥过量除了改变土壤物理性状和污染水源外,主要对西瓜果实内硝酸盐积累有直接的影响。不同氮素形态也影响西瓜果实内硝酸盐积累,如施用硝态氮的西瓜果实中硝酸盐含量明显高于施用铵态氮和酰态氮的西瓜果实。因此,需要少量使用氮肥时,也以施入尿素或硫酸铵为好。

(2)磷肥 磷肥对环境的污染主要有3个方面,即磷肥中所含重金属、氟、放射性污染。据调查,我国各地使用的磷肥中含有多种重金属。平均每千克磷肥含有各种重金属的毫克数为:砷34.2、镉2.6、铬118、铜57.8、镍12.8、铅332.5、锶412.8、钛141、钒30.2、锌251。从含量看,目前尚不至于对环境构成危害,但其潜在危害不可忽视。另外,无论哪种类型的磷肥,含氟量基本上与含磷量成正比例关系。长期施用,会提高土壤含氟量。磷矿中常伴生铀、镭、钍等天然放射性元素,而在磷肥生产过程中,铀和磷一起进入磷肥。据调查,成品磷肥的α放射线强度为1.7×10^9～8.21×10^7居里/千克。

造成危害的还有磷肥中的三氯乙醛。施用含三氯乙醛的磷肥,事先应晾晒,使其挥发一部分,施用时以撒施为好。

(3)淤泥 我国农村习惯用河泥、塘泥、水库或沟渠淤泥作肥料。污泥中含有大量有机质(＞20%),并含有比较丰富的氯、磷、钾及微量元素,是很好的土壤改良剂和肥料,但也含有铬、镍、锌、镉、铅等不少的重金属元素,这些重金属元素被作物吸收后,会造成农作物生长不良,毒害人、畜健康。

(4)城市垃圾 城市生活垃圾数量极大,许多地区用垃圾作肥料。垃圾肥有一定肥力,对土壤全氮及速效养分的提高有较好的效果,土壤物理性状随着垃圾施用量增加而改变,如容重下降,非毛管孔隙加大,且渗水速度加快,但是垃圾肥含有部分重金属,施入瓜田后会引起土壤污染。所以,使用城市垃圾肥,必须严格控制用量。最好在质地黏重的土壤内施用,以做到增加养分,培肥土壤又不恶化土壤物理性状。我国对城镇垃圾肥使用也做出了相应规定。

(5)有机肥 有机肥料是指人、畜、禽粪尿一类肥料,是农业生产上使用的主要肥料。有机肥含有大量有机质和作物需求的各种无机营养。一般腐熟较好的人粪尿、鸡鸭粪的氮、磷、钾利用率为20%～40%,猪厩肥为15%～30%,而土杂肥只有5%～30%。有机肥中的污染物,主要是粪尿本身或其分解物、大量病原菌、富有恶臭成分及其在嫌气条件下分解产生的硫化氢、醇类、酚类、醛类、氨、酰氨类、胺类等这些产物,会对水体、空气以及土壤环境造成严重污染。所以,必须通过堆、沤处理,降低污染才能利用。

6. 西瓜无公害栽培的施肥原则有哪些?

中华人民共和国农业行业标准《无公害食品　西瓜生产技术规程》中对无公害西瓜的肥料使用提出了以下原则。

第一,应根据土壤养分含量和西瓜的需肥规律进行平衡施肥。

第二,允许使用的肥料种类包括:农家肥料(饼肥、堆肥、沤肥、厩肥、沼气肥、绿肥、作物秸秆)、在农业行政主管部门登记注册或免于登记注册的商品有机肥(包括腐殖酸类肥料、经过处理的人、畜废弃物等)、微生物肥料(包括微生物制剂和经过微生物处理的肥料)、化肥(包括氮肥、磷肥、钾肥、复合肥)和叶面肥(包括大量元素、微量元素、氨基酸类、生长调节剂、海藻)。

第三，禁止使用未经农业行政主管部门登记注册的肥料品种、未经无害化处理的城市垃圾以及含有重金属的垃圾。避免使用含氯复合肥。

7. 西瓜无公害栽培的施肥技术有哪些？

(1)要以有机肥为主，无机肥为辅；重视基肥，合理追肥 无公害西瓜生产中使用的农家肥料要经过高温发酵，如在50℃～70℃的高温条件下，要持续10～15天以上的发酵时间，这样可达到分解有机氯农药，杀灭病原菌、虫卵、杂草种子的目的。高温堆肥比沤肥效果好。有机肥与无机肥配合使用可明显降低硝酸盐含量。

基肥是培肥土壤、获取高产的重要措施。尤其是无公害西瓜栽培中，要以有机肥提高土壤的肥力水平为基础，促进西瓜根深叶茂，获得优质产品。另外，用有机肥作基肥，可以提高土壤保肥蓄水性能，增强其保水、保肥能力，地温保持恒定，土壤物理性状良好。除了以大量有机肥、磷钾肥作基肥外，还需要追肥。为了避免环境的污染和西瓜果实内硝酸盐的大量积累，应当重视追肥类型、用量和时期。

根据以上要求所确定的西瓜无公害生产的具体施肥方法为：在中等肥力土壤[耕作层中含有机质15克/千克，碱解氮(N)80～100毫克/千克，有效磷(P_2O_5)40～60毫克/千克，速效钾(K_2O)130～150毫克/千克的土壤]上，每667平方米基肥的施用量和施用方法为：施优质有机肥(以优质腐熟猪厩肥为例)4 000～5 000千克，氮肥(N)6千克，磷肥(P_2O_5)3千克，钾肥(K_2O)7.3千克，或使用按此折算的复混肥料。有机肥一半撒施，一半施入瓜沟，化肥全部施入瓜沟，肥料深翻入土，并与土壤混匀。每667平方米追肥的施用量和施用方法为：在伸蔓初期追施速效氮肥(N)5千克；在果实鸡蛋大小开始退毛时追施磷肥(P_2O_5)2.7千克，钾肥(K_2O)5千克，也可每667平方米追施饼肥75千克，肥料以随浇水冲施为主，尽量避免伤及西瓜的茎、叶。在追肥时，氮肥在西瓜生长的前期用于追施催蔓肥，促进西瓜的营养面积快速形成，膨瓜肥仅追施磷、钾肥，以免氮肥对西瓜品质造成不良影响。

(2)推广配方施肥技术 配方施肥是综合运用现代农业科技成果，根据作物需肥规律，土壤供肥性能与肥料肥力效应，在以有机肥为基础的条件下，预先提出氮、磷、钾和微肥的适宜用量和比例，以及相应的施肥技术。它的中心内容是“配方”和“施肥”。“配方”是根据土壤肥力、作物状况以及目标产量，先估算作物需要多少氮、磷、钾，其次根据土壤养分的测试值计算土壤供应参数，两者差值就是需要施用氮、磷、钾肥料的适宜量。“施肥”是根据配方确定的肥料品种、用量和土壤、作物特性，合理安排基肥和追肥比例，施用追肥的次数、时期、用量和施肥方法。

配方施肥的最大好处就是实现了根据土壤养分含量和西瓜的需肥规律进行平衡施肥的原则。但配方施肥所要求的技术有一定的难度，农户一般难以做到，必须在当地农技部门的指导下才能实行。

8. 无公害西瓜病虫害如何防治?

根据目前西瓜生产实际情况，完全不用化学农药防治病虫害并不现实，因为一旦停止用药，病虫害就会猖獗，造成极大损失，所以我们要综合利用农业、生物、物理和化学防治技术进行病虫害的综合防治，使西瓜果实中的农药残留量不超过中华人民共和国农业行业标准《无公害食品　西瓜》的要求。

(1)农业防治 这是利用栽培措施来控制病虫害的技术。它具有投资少、无污染、副作用小的特点，虽然不如化学防治见效快，但对无公害西瓜生产很有发展潜力。西瓜病虫害农业防治措施包括以下内容。

①选用抗病虫品种　在西瓜病虫害农业防治中，选择抗病虫

品种是经济有效的措施。

②实行轮作　合理轮作能调节地力，有效控制同类病害的再度发生。

③严格进行苗床消毒　土壤是有害微生物和害虫越冬休眠的重要场所，是病虫害发生与流行的发源地，所以要对育苗场地进行严格消毒。其方法参看本书“优质西瓜秋延后栽培”部分。

④培育壮苗　壮苗可以发挥其抗逆性的内在作用，培养壮苗从其生理上增强其抗病虫能力，是控制病虫害发生、减少用药的根本措施。

⑤清除杂草　清除瓜田及其周围的杂草，可减少病原微生物和害虫的越冬寄主，减少第二年的病源、虫源。冬前及时深耕，可将地表的病菌及害虫翻入土中或将深层越冬（夏）病虫暴露于地面，使其窒息或冻、晒而死。保护地栽培时进行全园地膜覆盖，降低了空气湿度，营造了有利于西瓜生长而不利于病原菌繁殖的环境条件，在保护地的放风口采用防虫网进行隔离，可有效防止蚜虫等害虫向棚内迁飞。所有这些措施均可有效减轻病虫害的发生。

⑥合理施肥　施用腐熟有机肥可改善土壤结构，避免沤根、烧根，增强根际微生物的活动能力，同时可杀灭肥料中携带的病菌及虫卵，减少病虫害的发生。栽培过程中，不使用未经腐熟的有机肥，适时追肥，不过量使用氮肥，适当增施磷、钾肥，促进西瓜健壮生长，均可增强西瓜的抗病力。

⑦嫁接换根　嫁接换根可有效防治西瓜枯萎病的发生。

(2)生物防治　利用有益生物（包括生物制剂）防治西瓜病虫害，对环境无污染，对人、畜无害，安全可靠，前景广阔。虽然由于受科技发展水平的限制，目前西瓜病虫害生物防治的方法还不多，但却是未来西瓜病虫害防治的一个重要方向。现列出目前在蔬菜作物上较可行的生物防治方法以供参考：①利用天敌昆虫消灭害虫。②利用能引起昆虫患病的病原微生物来防治有害昆虫。目前，常用的有：细菌制剂，如苏云金杆菌类等；真菌制剂，如白僵菌等；病毒制剂，如核多角体病毒等。③利用病毒的弱株对强株系的干扰作用来防治蔬菜等的病毒病。④农用抗生素的利用。农用抗生素是生物菌剂，安全无毒，具有预防和治疗作用，应用较广。主要有：井冈霉素——防治立枯病、白绢病；多抗霉素——防治白粉病、霜霉病、枯萎病；浏阳霉素——防治红蜘蛛；韶关霉素——防治蚜虫；农抗120和武夷菌素——防治白粉病、炭疽病、叶霉病；春雷霉素——防治褐斑病、炭疽病、叶霉病等。

(3)物理防治 主要是利用温、光、色等物理措施来防治病虫害，其内容包括以下几方面。

①温汤浸种 温汤浸种可杀死附着在种子上的病菌。

②银灰色塑料膜避蚜虫 银灰色反光塑料膜其透光率为15%，反光率≥35%。反射光中带有红外线，对蚜虫有驱避作用。瓜田可采用铺银灰膜和在设施通风口处挂银灰膜条的办法驱避蚜虫以免其迁飞传毒，减轻蚜虫和病毒病发生。

③利用黄色诱板 蚜虫、白粉虱有趋黄习性。田间可用黄色黏板或黄盆诱蚜；大棚温室可在通风口挂黄色黏着条诱杀蚜虫及白粉虱的黏板。

(4)化学防治 现阶段，利用化学农药防治西瓜病虫害仍是重要手段，但是无公害西瓜生产应努力贯彻“预防为主、综合防治”的方针，在提高西瓜自身抗病性基础上，优先采用农业、生物和物理防治方法，其次采用低毒高效农药防治，将病、虫危害程度控制在经济允许水平之下，并保证西瓜果实中农药残留量低于无公害西瓜的标准，且对生态环境无污染。为此，必须做到以下几方面。

①严禁在西瓜上使用高毒、高残留的禁用农药 中华人民共和国农业部2002年第194号和199号公告公布了在蔬菜上禁用的农药品种，这些农药品种为：六六六，滴滴涕，毒杀芬，二溴氯丙烷，除草醚，艾氏剂，狄氏剂，汞制剂，砷、铅类，敌枯双，氟乙酰胺，甘氟，

毒鼠强，氟乙酸钠、毒鼠硅，甲胺磷，甲基对硫磷，对硫磷，久效磷，磷胺，甲拌磷，甲基异柳磷，特丁硫磷，甲基硫环磷，治螟磷，内吸磷，克百威，涕灭威，灭线磷，硫环磷，蝇毒磷，地虫硫磷，氯唑磷，苯线磷，氧化乐果，水胺硫磷。这些农药同样在西瓜上禁止使用。

②安全用药　使用化学农药时，应掌握农药的使用次数和安全间隔期(最后 1 次施药至西瓜收获时允许的间隔天数)见表 4。农药混剂的安全间隔期执行其中残留性最大的有效成分的安全间隔期。

表 4　西瓜常用药剂合理使用准则

农药名称	施药方法	每季作物最多施药次数(天)	安全间隔期(天)	防治对象
百菌清	按国家规定执行	6	21	猝倒病、炭疽病
代森锰锌	按国家规定执行	3	21	炭疽病
克螨特	按国家规定执行	2	8	瓜叶螨
锌·柠·络氨铜	按国家规定执行	3	40	枯萎病
粉锈宁	按国家规定执行	2	5	炭疽病
乐　果	按国家规定执行	3	15	种蝇、瓜蚜、瓜叶螨

③合理用药　合理混用、轮换交替使用不同作用机制或具有负交互抗性的药剂，克服和推迟病、虫抗药性的产生和发展。

西瓜病虫害化学防治的具体方法可参见本书的病、虫、草害防治部分，但使用农药时必须按上述的规定执行。

九、西瓜嫁接栽培

1. 西瓜嫁接栽培应如何选择砧木?

合理选择西瓜砧木品种,是嫁接栽培成功的关键因素。选择砧木时应考虑以下4个方面的因素。

(1)砧木与西瓜接穗的亲和力 包括嫁接亲和力和共生亲和力两个方面。嫁接亲和力是指嫁接后砧木与西瓜接穗的愈合程度。排除嫁接的技术因素外,若嫁接后砧木很快与接穗愈合,成活率高,则表明该砧木与西瓜的嫁接亲和力高,反之则低。共生亲和力是指嫁接成活后两者的共生状况,通常用嫁接成活后,嫁接苗的生长速度、生育正常与否、结瓜后的负载能力等表示。嫁接亲和力和共生亲和力并不一定一致。有的砧木嫁接成活率很高,但进入结果初期便表现不良,甚至出现急性凋萎,表现出共生亲和力差。

(2)砧木的抗枯萎病能力 选用的砧木必须高抗西瓜枯萎病或者对西瓜枯萎病免疫,否则会出现嫁接后仍然发生枯萎病的现象。

(3)砧木对西瓜品质的影响 不同砧木对西瓜品质有不同的影响,不同的西瓜品种对同一砧木的嫁接反应也不完全一样。一般南瓜砧木易使西瓜皮变厚、果肉纤维增多、肉质变硬、风味变差、含糖量下降。葫芦砧木对品质的影响较小,西瓜共砧对品质基本没有影响。

(4)砧木对不良环境的适应能力 在大棚早熟栽培中,采用嫁接栽培时,西瓜植株的耐低温能力、雌花出现早晚和在低温下稳定坐瓜的能力,以及根系的扩展和吸肥能力,耐旱性和对土壤酸碱度的适应性等,都受砧木固有特性的影响。

2. 西瓜常用砧木品种有哪些?

(1)超丰 F_1 超丰 F_1 是中国农业科学院郑州果树研究所与黑龙江省大庆市庆农西瓜研究所合作选育的大陆第一个西瓜砧木品种。该品种荣获国家科委等主办的第二届中国杨陵农业科技博览会金像奖和第五届中国专利新技术产品博览会金奖。

该品种作西瓜砧木，在苗床中幼苗下胚轴不易徒长、短而粗壮，嫁接成活率高，嫁接亲和力好，共生亲和力强；嫁接幼苗在低温下伸长快，坐瓜早而稳，并具有耐低温、耐高温、耐湿、耐旱、耐瘠薄、耐移栽的特点。超丰 F_1 促进西瓜早熟、提高西瓜产量的效果显著，对西瓜品质无不良影响。其种子灰白色，种皮光滑，千粒重约 135 克。

(2)长瓠瓜 长瓠瓜又称瓠子、扁蒲，各地均有栽培。果实长圆柱形或短圆柱形，果皮颜色绿白色，茎蔓生长旺盛，根系发达，吸肥力强。长瓠瓜作西瓜砧木，与西瓜亲和力好，植株生长健壮，无发育不良植株；抗枯萎病能力强；根部耐湿性和耐低温生长性比西瓜好；坐瓜稳定，对果实品质无不良影响。

(3)圆瓠瓜 圆瓠瓜属大葫芦变种，果实扁圆形，茎蔓生长茂盛，根系入土深，耐旱性强，我国各地都有地方品种，栽培普遍。其作西瓜嫁接砧木，与西瓜亲和性好，植株生长健壮；抗枯萎病；坐瓜稳定，果实大，对西瓜品质无不良影响。

(4)长颈葫芦 长颈葫芦果实圆柱形，蒂部圆大，近果柄处细长。其作西瓜嫁接砧木，与西瓜嫁接亲和力好，共生亲和力亦强，植株生长健壮；根系发达，土壤适应性广，吸肥能力强，耐涝、耐旱性及低温下生长较西瓜强；抗枯萎病；坐瓜稳定，果实大，对西瓜果实品质无不良影响。

(5)相生 相生是日本米可多公司培育的瓠瓜杂交种，是西瓜嫁接的优良砧木。20 世纪 80 年代引入我国。相生嫁接西瓜嫁接亲和力好，共生亲和力强，植株生长健壮；抗枯萎病；根系发达，较耐瘠薄；低温下生长性好，坐瓜稳定，果实大，对果实品质无不良影响。

(6)勇士 勇士是台湾农友种苗公司于1984年利用非洲野生西瓜育成的杂交一代西瓜专用砧木。勇士嫁接西瓜，抗枯萎病；生长强健，低温下生长性良好，嫁接亲和力好；坐瓜稳定，果实品质与风味和自根西瓜完全相同。但嫁接苗定植后初期生育较缓慢，进入开花坐瓜期生育旺盛。

(7)新土佐 新土佐是印度南瓜和中国南瓜的杂交一代种。作西瓜嫁接砧木，嫁接亲和性和共生亲和性好；幼苗低温下伸长性强，生长势强，抗枯萎病；能促进早熟，提高产量，对果实品质无明显不良影响。但是新土佐并非与所有西瓜品种都有良好的亲和性，特别是与四倍体和三倍体表现不亲和。

3. 西瓜嫁接方法有哪些?

按砧木是否从土壤中挖出，嫁接方法可分为离土嫁接和不离土嫁接。离土嫁接是把砧木和接穗幼苗由播种箱或苗床拔起，进行嫁接，嫁接后定植于营养钵中，不离土嫁接是将砧木播种在营养钵中，当砧木幼苗适宜嫁接时，取接穗直接嫁接在砧木上。按接穗与砧木的接合方式，嫁接方法可分为插接、劈接、靠接、单叶切接、芯长接、两段嫁接和断根嫁接等。

4. 西瓜插接法的技术要点有哪些?

又称顶插接法，可采用离土嫁接，也可采用不离土嫁接。砧木较接穗提前1周左右播种，待砧木苗第一片真叶展开、接穗的子叶展开时为嫁接适期。

嫁接操作时，先用左手的拇指和食指从子叶基部握住砧木苗的茎，用刀片或竹签将砧木苗生长点除掉，然后用竹签尖头从砧木苗一侧子叶中脉与生长点交界处按75°角沿胚轴内表皮斜插一孔，深为7～10毫米，以竹签先端不划破外表皮、握茎手指略感到插签为止。若用力过大，竹签穿过表皮，则接穗插入后，尖端外露部分易发自生根，定植后接触土壤，失去嫁接意义。

取接穗时可以不带根，将接穗在水盆中漂一下即捞出，放入盘中，用湿布盖住保湿。嫁接时，取出一株，用左手拇指与中指轻轻地将两片子叶合拢捏紧，食指顶住下胚轴，右手用刀片自子叶下1～1.5厘米处削成斜面，斜面长7～10毫米，切面一定要平直。然后左手拿砧木，右手取出砧木中的竹签，随即把接穗削面朝下插入孔中，使砧木与接穗切面紧密吻合，同时使砧木与接穗的子叶呈十字形(图9-1)。最后，用嫁接夹固定。目前，山东省昌乐县的瓜农采用顶插接时，嫁接后不用嫁接夹或其他捆绑物固定接口，成活率也很高。

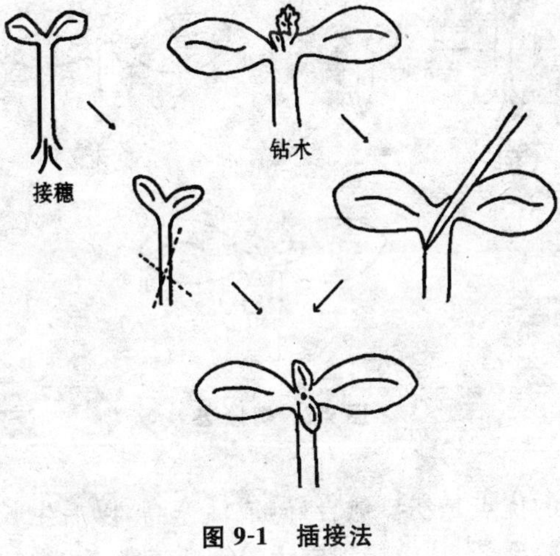

图9-1　插接法

插接时，砧木必须壮实，插孔不要过大，切勿损伤胚轴表皮，使接穗插入后有一定的压力。采用离土嫁接时，嫁接后要把嫁接苗放在保温、保湿的塑料箱或塑料袋中，防止嫁接苗失水萎蔫，以利于切口愈合。

5. 西瓜劈接法的技术要点有哪些？

嫁接适期与插接法相同。可采用离土嫁接和不离土嫁接。嫁接操作时，先去除砧木的生长点，用刀片从两片子叶中间沿下胚轴一侧向下纵向劈开 1～1.2 厘米，注意不要将整个下胚轴劈开，否则两片子叶下垂，捆扎困难，影响成活。然后将西瓜接穗下胚轴两面各削一刀，削面长 1～1.2 厘米，把削好的接穗插入砧木劈口内，用拇指轻轻压平，再用嫁接夹固定或用塑料薄膜条扎紧（图 9-2）。若采用离土嫁接，则嫁接后应把嫁接苗放在保温、保湿的塑料箱或塑料袋中。

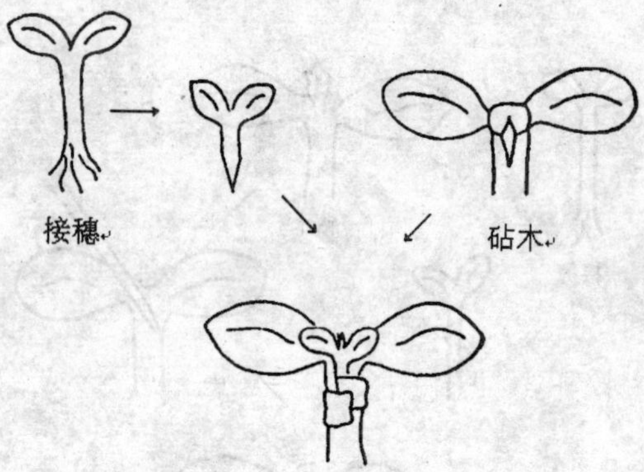

图 9-2　劈接法

劈接法的优点是伤口愈合好，成活率高，以后生长发育也好；缺点是嫁接效率低，从嫁接到成活的管理较费事。

6. 西瓜靠接法的技术要点有哪些?

又称舌接法,是目前西瓜嫁接中常用的方法之一。嫁接时取出大小适宜的砧木苗与接穗苗,先将砧木苗生长点去掉,在砧木的下胚轴上端靠近子叶节 0.5～1 厘米处,用刀片呈 45°角向下削一刀,深达下胚轴的 1/3～1/2,长约 1 厘米。然后在接穗苗的相应部位呈 45°角向上斜削一刀,深达胚轴的 1/2～2/3,长度与砧木接口相同。左手拿砧木,右手拿接穗,自上而下把两舌状切口相吻合(互插),用嫁接夹或地膜带捆扎,使切面密切结合(图 9-3)。

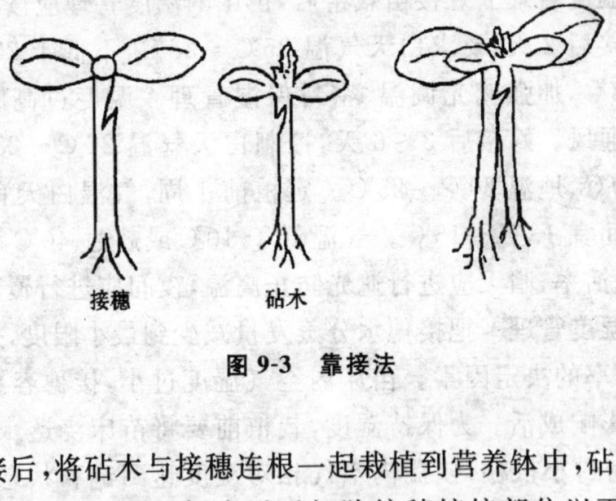

图 9-3 靠接法

嫁接后,将砧木与接穗连根一起栽植到营养钵中,砧木与接穗根基部相距 1 厘米,以便成活后切除接穗嫁接部位以下的胚轴。栽苗时,接口处应高出土面约 3 厘米,避免接穗接触土壤发生自生根。7～10 天成活后切断接穗嫁接部位以下的胚轴。10～15 天后应及时解除捆扎物。采用靠接法时,砧木与接穗苗大小应相近,接穗不能过小,否则操作困难,嫁接后长短不一致,不好栽植。靠接的优点是苗期管理非常简单。其缺点是嫁接操作较复杂,操作时往往把砧木或接穗的茎切断,接穗与砧木利用率低;嫁接后在运输及移栽过程中容易造成错位,接合面也容易脱离。因此,大量培育西瓜嫁接苗时不宜采用此法。

7. 西瓜嫁接苗的苗床管理技术要点有哪些?

(1)栽植 离土嫁接苗应及时栽植至营养钵中。插接、劈接一般白天集中嫁接,并随时将嫁接苗放入保温、保湿的塑料盒或塑料袋中,待傍晚集中移栽。靠接法砧木与接穗均带根系,栽植时砧、穗根相距1厘米。嫁接苗移栽完后,用75%百菌清可湿性粉剂800～1 000倍液喷雾消毒,同时可增加苗床内的空气湿度,防止嫁接苗萎蔫。最后,架上小拱棚。

(2)温度管理 嫁接苗栽植后,苗床的温度管理应按以下原则进行:嫁接后2天,要求白天气温25℃～28℃,不低于20℃,地温26℃～28℃,加强遮光调温、密封保湿管理。温度过高时应多遮光,不宜通风。嫁接后3～6天,控制白天气温22℃～28℃、夜间18℃～20℃、地温20℃～25℃。定植前1周,气温白天宜22℃～25℃,夜间宜13℃～15℃。气温低于10℃或超过40℃都会影响嫁接苗成活率,晴天应进行遮光防止高温,夜间应进行覆盖保温。

(3)湿度管理 把接穗水分蒸发量减少到最小限度,是提高嫁接苗成活率的决定因素。苗床内空气湿度过小,接穗容易失水萎蔫,严重影响成活。为保持湿度,栽植前要将苗床浇透水,嫁接后2～3天密封小拱棚,使棚内空气相对湿度达到饱和状态,以小棚膜面出现水珠为宜。嫁接后3～4天进入融合期,这时既要防止接穗凋萎,又要逐渐降低湿度,可在清晨、傍晚湿度较高时通风排湿,并逐渐增加通风时间和通风量。10～12天以后按一般苗床的管理方法管理。

(4)光照管理 嫁接栽植后,苗床的棚顶用覆盖物覆盖遮光,以免高温和直射光引起接穗凋萎。从嫁接后第三天开始,早晨、傍晚除去覆盖物接受散射光照射各30分钟左右。第四至第五天早、晚分别给光1小时和2小时;5天以后视苗情生长状况逐渐增加透光量，延长透光时间；1 周后只在中午前后遮光，逐渐撤除遮盖物，并加强通风，经常炼苗；10～12 天以后按一般苗床的管理方法进行管理。

由于砧木的发根和接穗生长的好坏与光线关系很大，因此育苗时将采光和通风换气巧妙地结合起来是培育壮苗的关键。若遮光过度，特别是温度又高时，则嫁接苗易徒长。所以，遮光不要过严，只要秧苗不萎蔫即可。

(5)摘除砧木萌芽 砧木虽然在嫁接时摘除了生长点，但在子叶节仍可萌发侧芽，这些侧芽生长迅速，常与接穗争夺养分，影响嫁接苗成活。因此，要随时摘除这些不定芽，但操作要轻，以免损伤子叶和松动接穗。

(6)断根 靠接苗在嫁接后 10～13 天，可从接口下 0.5～1 厘米处将接穗苗的下胚轴剪断，并将下胚轴自根基部彻底清除，此工序即为断根。断根前，可先试断 2～3 株，若不发生萎蔫，第二天即可全部断根。断根后如遇晴天高温，应适当遮阳和喷水。

(7)去掉捆扎物或撤夹 当嫁接苗通过缓苗期后，接穗开始长出新叶，即证明嫁接苗已经成活。大约嫁接 10 天以后，应及时去掉嫁接夹等捆扎物，以免影响嫁接苗的生长与发育。撤夹不宜过早，否则接口易胀裂，移苗定植时易从接口处断裂；也不可过晚，以免接口处茎膨大后使夹子难以取下，影响植株生长。

(8)防治苗期病害 西瓜嫁接苗处于高温、多湿与遮光条件下，病菌容易从接口处侵染，苗期应及时用药剂预防。嫁接前可用代森锌可湿性粉剂 500 倍液，百菌清、多菌灵可湿性粉剂 800～1 000 倍液喷雾，嫁接 1 周后再定期喷药 1～2 次，即可以控制发病。

(9)嫁接苗的定植 嫁接育苗从播种至定植一般需要 30～35 天。嫁接苗健壮的标准是 3 叶 1 心或 4 叶 1 心，子叶完整，大小适度，叶缘深绿，嫁接伤口愈合良好，根系发达，颜色白。定植前 5～

7天要进行低温锻炼幼苗，如在温室或塑料大棚内要去掉育苗床上的小拱棚，白天要放大风，使嫁接苗逐渐适应田间气候条件。

嫁接苗定植时嫁接口要高出地面1～2厘米，以免接穗发生不定根，影响嫁接效果；并要随时摘除砧木上的侧芽和接穗上的不定根。

8. 提高西瓜嫁接成活率的措施有哪些？

(1)提高接穗与砧木的亲和能力 接穗与砧木的亲和能力，即接穗与砧木嫁接以后，正常愈合及生长发育的能力，这是嫁接苗成活最基本的条件。一般来说，亲缘相近，亲和力较强；亲缘较远，亲和力较弱，甚至不亲和。西瓜砧木主要是选择同科的葫芦属、南瓜属、冬瓜属等的不同种，其余砧木品种均与西瓜不亲和，不能选用。

(2)增强接穗苗与砧木苗的生活力 这是影响嫁接成活率的重要因素。幼苗健壮，发育良好，其生活力就强，嫁接后易成活；弱苗、徒长苗的生活力弱，嫁接后不易成活。要求幼苗整齐一致，无病苗、残苗，且下胚轴略粗，这既是为了提高嫁接苗质量，也便于嫁接操作。

(3)改善育苗的环境条件 尽量为嫁接苗创造一个适宜的温度、湿度和光照环境，具体的温度、湿度和光照管理指标参见本书的西瓜嫁接苗的苗床管理技术要点。

(4)提高嫁接技术 嫁接人员要保证既快又好的嫁接速度，不让切口在空气中停留过长时间。不管采用什么方法嫁接，嫁接用具一定要保持清洁，最好是无菌操作。切口用的刀片要干净，切口要平直，切面要结合紧，固定要牢，不松动，不移位，不损伤子叶及接穗茎叶。

(5)加强嫁接后的管理 嫁接后注意温度、湿度及光照条件，精心管理让嫁接苗正常生长，到4叶1心时即可出圃，进行定植。

(6)预防病虫害

①种子消毒处理　用40%甲醛100倍液浸泡30分钟或50%多菌灵(或托布津)500～600倍液浸泡40～60分钟,冲洗后浸种。

②土壤消毒处理　每立方米营养土用40%甲醛400毫升对水50升,均匀地喷洒在土上,然后用塑料薄膜覆盖,闷土10～15天。使用前1天,翻动土堆,使残药消失后再用。

③嫁接后预防病虫害　在病虫害发生的各个关键时期,用普力克、甲基托布津、炭息、百菌清及多菌灵等对症药剂提前喷施,出圃时还要喷洒多菌灵进行消毒处理。

9. 西瓜嫁接苗移栽时应注意哪些问题?

(1)幼苗选择　定植时选择发育正常的嫁接苗,淘汰不良的幼苗。

(2)定植深度　嫁接苗不宜定植过深,嫁接口要高出地面1～2厘米。定植过深使西瓜(接穗)下胚轴部分接触土壤而产生自生根,使嫁接失去意义。如发现有此现象,应将其自生根断掉,并将周围土壤扒离下胚轴,防止再发生自生根。

(3)栽植密度　由于嫁接西瓜苗生长旺盛,一般应稀植,早熟品种每公顷9 000～12 000株,中、晚熟品种4 500～7 500株,3蔓或多蔓整枝每株留1～2果。

(4)要及时除掉砧木萌芽　有些砧木很容易发枝芽,消耗养分,应及时除去。

10. 西瓜嫁接苗的田间管理特点有哪些?

(1)加强缓苗期管理　嫁接苗与自根苗相比,由于嫁接苗的愈合成活需要一定时间,从而使幼苗在苗床生长的时间增加,苗龄有所延长,导致根系相对易老化。对此要尽量创造适宜的环境条件,加速嫁接苗的成苗,保持根系活性,同时要注意选择根系不易老化的砧木，如葫芦砧等。

(2)要注意砧木萌芽和接穗品种的生根 在田间栽培过程中如嫁接苗的中间砧或接穗品种生根接触田土则失去嫁接苗的防病作用。定植时接口一定要高于地表，同时随时除去砧木的不定芽，以免影响接穗生长和果实品质。

(3)肥水管理 由于嫁接西瓜根系的吸肥能力比自根西瓜强，如果按自根西瓜的施肥量进行施肥，极易造成植株营养生长过旺，推迟坐瓜，并且瓜皮变厚，瓤色变浅。因此，同自根西瓜相比，嫁接西瓜的施肥量要适当减少。一般用葫芦作砧木时基肥用量应较自根西瓜减少 20%～30%；用南瓜作砧木时，基肥用量可减少30%～40%。

施足基肥后，一般在坐瓜前少追肥或不追肥，特别要控制氮肥的施用量，以防治营养生长过旺而影响坐瓜；坐瓜后追施膨瓜肥，要以磷、钾肥为主，以提高西瓜的品质。

(4)整枝压蔓 嫁接西瓜的分枝能力比自根西瓜强，侧蔓多且生长快，要早整枝，促进主蔓的生长。坐瓜后可不再整枝，对砧木上萌发的侧枝要及时去除。压蔓时只能采用明压法，不能采用暗压法，以免瓜蔓上发生不定根。

(5)选留瓜 嫁接西瓜要选高节位的雌花留瓜，留瓜节位以15～20 节为宜。低节位留的瓜一般容易出现畸形、皮厚和空心等问题，严重影响西瓜的品质。

(6)合理利用植物生长调节剂保瓜 如选择生长势稍强的西瓜品种，嫁接后植株生长势更加旺盛，为提高坐瓜率，建议在开花坐瓜期采用“坐瓜灵”以确保坐瓜。

(7)加强病虫害防治 利用砧木嫁接主要防治西瓜枯萎病等土传病害的发生，但如不注意轮作，单纯依赖嫁接的抗病作用，则疫病、炭疽病和连作生理障碍等仍会对嫁接苗造成危害。因此，要对西瓜嫁接苗采取综合防治措施，保证丰产丰收。

(8)适时采收 嫁接西瓜不宜采收过早，一般嫁接西瓜较自根西瓜的果实晚收2～3天，最好充分成熟时采收。外运瓜以8～9成熟采收为佳。

11. 西瓜嫁接苗发生急性凋萎病的原因有哪些？

西瓜的急性凋萎主要发生在坐瓜至果实成熟阶段，尤其是收获前7～10天。其在连续阴雨弱光下，根和茎、叶功能减弱时容易发生。

(1)急性凋萎的症状 发病初期病株叶片白天萎蔫，夜间略有恢复，3～4天后加重，以至枯死。没有死亡的病株茎蔓基部呈畸形膨大，维管束闭塞，水分输送受阻，茎叶脱水而发生凋萎。西瓜生理性的急性凋萎与镰刀菌引起的枯萎病在症状上是有区别的：生理性凋萎发生在收获初期，在连续阴雨弱光下容易发生，植株整体凋萎，初期可以恢复，后期全部枯萎，叶片除凋萎外，其他变化很小，茎、根除稍有发黄外，几乎无其他变化，导管内腔形成大量浸填体，使大部分导管堵塞，但检查不出病原菌；西瓜枯萎病在栽培各时期都会发生，植株部分凋萎，夜间略有恢复，后期全部枯萎，开始发病时，一部分叶片出现变色、枯死，近地部茎、根有褐变，维管束褐变，根甚至出现腐烂，导管内腔浸填体发生少，可见到大量菌丝、树脂状物，可检查出枯萎病菌。

(2)凋萎原因 急性凋萎病发生的原因，与砧木种类、坐瓜数、光照、嫁接方法等多种因素有关。

①砧木品种 葫芦砧的嫁接西瓜容易发生急性凋萎病，南瓜砧发生极少，冬瓜砧对急性凋萎病有较强的抗性。

②坐瓜数和整枝方式 在坐瓜数多的情况下，果实与根系养分竞争剧烈，凋萎病发病率高，凋萎程度也大。这是因为：一般情况下，果实是同化产物分配中心，坐瓜数多，分配给根的同化产物量减少，从而影响根系对肥、水的吸收。强度整枝会引起西瓜急性

凋萎严重发生。因为在过强整枝情况下，每个瓜可用的叶面积较小，同化养分不足，果实膨大不良；同时，整枝过度抑制了根系生长，根系活性下降，导致凋萎率提高。坐瓜数多时，后期中度整枝比强度整枝的急性凋萎率明显减少。

③光照　强光照伴随高温，茎、叶水分蒸发速度快，易引起急性凋萎；适当遮光，可以减少导管中浸填体形成量，从而减少急性凋萎。长期的阴雨天，光照不足，引起根、茎、叶功能下降，也会产生急性凋萎。

④地温高低和嫁接接合面的大小　地温高易引起急性凋萎。嫁接接合面的大小，关系到嫁接成活过程中砧木与接穗的导管形成数量和质量。嫁接接合面小，导管连接差，影响矿物质吸收和同化产物运转，在生长后期结瓜多的情况下，由于负担过重，易产生急性凋萎。

⑤镁含量　很多试验表明，西瓜的葫芦砧嫁接苗含镁量比南瓜砧的要低。镁含量少，往往引起生育后期的叶枯。

(3)防治方法

①选用对急性凋萎病有较强抗性的砧木种类和品种　西瓜可用亲和性强、对其果实品质无不良影响、抗性强的南瓜砧或冬瓜砧，或者采用有抗性的西瓜共砧品种。

②采用能使砧木与接穗接合完全的嫁接方法，同时加强田间管理　选用地下水位低的田块栽培；在嫁接苗生长过程中，要注意排水和供水均匀；避免坐瓜过多；整枝时要确保坐瓜的叶数；保持适度的茎叶数量，使水分蒸发减少一些，保持较强的根系活力；生长后期地温较高时，可采用地面覆草措施；控制氮肥的施用。

③增施镁肥　缺镁引起叶枯时，定植前土壤中施用碳酸镁溶液，可以减少嫁接苗凋萎病的发生。在果实膨大后期，叶面喷洒1%硫酸镁溶液，可以大大减少急性凋萎病的发生。

12. 如何提高嫁接西瓜的品质?

西瓜嫁接栽培是克服连作障碍和防治西瓜枯萎病的特效技术措施。但是利用嫁接栽培在部分地区出现了西瓜瓜皮增厚、有异味、果肉较硬、品质下降等问题,我们根据多年生产经验,总结出提高嫁接西瓜品质的关键技术,现介绍如下。

(1)选用适宜的砧木种类 目前西瓜嫁接应用较多的砧木主要有葫芦、南瓜、冬瓜、瓠瓜、野生西瓜等。生产上可选用超丰 F_1 或野生西瓜作砧木,以确保嫁接西瓜品质。

(2)增施有机肥 试验表明,增施有机肥可显著改善西瓜的品质。不同的有机肥种类对其品质影响也有差异,效果最好的有机肥种类是饼肥和鸡粪,其次为猪粪、马粪及其他牲畜粪。一般每667平方米施腐熟的鸡粪1 500千克(若用土杂肥需5 000千克或用饼肥50千克或大粪干1 000千克),分两次施用。第一次结合整地施入,用量占1/3;其余集中施入播种畦或瓜沟内。

(3)测土配方施肥 西瓜产量高,需肥量大。一般每生产1 000千克西瓜,约需吸收纯氮1.94千克、五氧化二磷0.39千克、氧化钾1.98千克,其比例大致为3.5∶1∶4。整个生育期对硼、锌、锰的吸收量分别为90、120、80毫克/千克。因此,生产上应按照地力条件和产量水平测土配方施肥,做到需要什么施什么,需要多少施多少,且忌盲目施肥。实践证明,适量施用氮肥,西瓜瓤色鲜艳、组织细密;过量施氮,西瓜瓤疏松、纤维多、空心多、颜色暗淡、品质差。适当增施磷肥可提高果实含糖量。适当增施钾肥,可增加西瓜果糖、蔗糖、葡萄糖及总糖含量,有机酸含量下降,改善西瓜品质。在施肥时注意西瓜是忌氯作物,不宜施用氯化钾和氯化铵。

(4)叶面追肥 叶面追肥对改善西瓜品质有显著作用。常用的叶面肥料有磷酸二氢钾、硼砂、稀土等。其施用方法分别为:磷酸二氢钾，在西瓜生长旺盛期叶面喷施浓度为0.2%～0.3%的磷酸二氢钾溶液2～3次，每隔10天1次，可增产13%，西瓜的含糖量提高1%～2%；硼砂，每667平方米可用硼砂200克，加水50升稀释后，再加入1千克蔗糖进行叶面喷施，每隔7天喷1次，连喷2次，增甜效果也很明显；稀土，在西瓜5～6叶期至始花期喷1次浓度为0.01%～0.03%的稀土液，再在幼果膨大期喷1次浓度为0.05%～0.08%的稀土液，每次每667平方米喷50千克，可增产13%～34%，含糖量提高0.5%～1%。

(5)适时采收 嫁接西瓜一般比自根西瓜晚成熟3～5天，可采用挂牌标示的办法，根据授粉时间，在果实成熟后采收。外运瓜以8～9成熟采收为佳。

13. 为什么嫁接西瓜苗有时候也会感染枯萎病?

为了防止枯萎病的发生，近些年来，很多地区的瓜农都通过嫁接来栽培西瓜，收到了立竿见影的效果，实现了西瓜地可以连年重茬种植。但是在实践中，我们发现有的地块虽然也是定植的嫁接苗，可一到结瓜期仍有少数植株感染枯萎病而死秧。

原因在于，西瓜蔓在生长伸长过程中，一般要用土团或土块压蔓3次，有的土团、土块被雨淋过后变为一滩泥，当这滩泥压住西瓜蔓的叶腋部位时，西瓜蔓便会从叶腋部位长出侧根，扎进土里，枯萎病菌便从侧根根毛顶部侵入，使植株感染枯萎病。

简便有效的防治方法是，用土团或土块压蔓时，要远离蔓的叶腋部位。一旦下雨，土团变成泥，压住叶腋部位时，雨后要把叶腋部位的泥土清理干净。

十、无籽西瓜栽培

1. 什么是无籽西瓜？

无籽西瓜就是果实中没有种子或种子极少的西瓜，根据获得无籽西瓜方法的不同，可把无籽西瓜分为三倍体无籽西瓜、激素无籽西瓜、染色体易位的少籽乃至无籽西瓜。

一般说的无籽西瓜就是三倍体无籽西瓜。

激素无籽西瓜是利用天然或外源激素处理普通西瓜的子房或果柄，促进子房的膨大和发育而形成的。染色体易位的少籽或无籽西瓜，是利用射线处理，诱发西瓜染色体易位引起不育而获得的。上述二者的生产技术尚不成熟。

2. 无籽西瓜有哪些优点及发展前景？

(1)品质优，食用方便　无籽西瓜比相应的普通有籽西瓜含糖量高1%～2%，肉质脆细，风味好，品质优。由于没有种子，所以食用方便。

(2)丰产性好　由于无籽西瓜不形成种子，减少营养物质和能量的消耗，且在坐瓜期果实营养中心不突出，因而能一株多瓜、多次结瓜和结大瓜，单株结2～3个瓜的极为常见。一般可结二茬瓜，栽培管理适当可结三茬瓜，增产效果明显。

(3)抗病性强　无籽西瓜同时具有多倍体和杂交一代两种优势，表现为植株生长旺盛，分枝力强，对各种病虫害有较强的抵抗力。

(4)耐湿性强　普通西瓜对土壤湿度十分敏感，在灌溉后立即下雨和连续降雨造成土壤湿度过大的情况下，植株受影响，轻者减产，重者绝收。无籽西瓜的耐湿性强，在相同条件下能获得较好收成。

(5)耐贮运 一般来说，无籽西瓜与相应的普通西瓜相比，瓜皮硬度大，耐运输。同时，无籽西瓜的果肉脆而紧密，耐贮藏性也好于相应的普通有籽西瓜。

(6)经济效益高 无籽西瓜的销售价格比普通西瓜高三成以上，加之产量高和耐贮运，效益会更高。一般每667平方米收入都在千元以上，采用大棚等保护地早熟栽培时，每667平方米收入可达万元。

近年来，随着改革开放的深入和人民生活水平的提高，无籽西瓜的需求量也随之迅速增大，从而刺激了无籽西瓜生产的迅速发展。据不完全统计，我国目前种植无籽西瓜的面积每年都在6.6万公顷以上，并且有不断扩大的趋势。但同我国每年西瓜生产总面积(120万公顷左右)相比，无籽西瓜栽培仍只占很小的比例，还远远不能满足市场的需求。预计在今后的生产中，西瓜生产总面积将日趋稳定，但无籽西瓜栽培面积还会继续发展扩大。由此可见，在今后的西瓜生产中，有计划、有重点地推广发展无籽西瓜种植是市场发展的必然趋向。无籽西瓜种植具有广阔的发展前景。

3. 无籽西瓜生长发育特点有哪些?

无籽西瓜的主要生长发育规律虽与普通西瓜基本相同，但它在形态和生理上具有与普通西瓜明显不同的特点，主要表现在以下几个方面。

(1)种子发芽率低 无籽西瓜种子的种皮较厚，种胚发育不健全，种子发芽较为困难，发芽率低，一般发芽率只有80%左右。

(2)种子成苗率低 无籽西瓜幼苗生长势弱，成苗缓慢，更易受到不良环境条件的影响，因此成苗较普通二倍体西瓜困难，成苗率低。

(3)自花不结实，需配授粉株 无籽西瓜的雌花、雄花的雌雄配子减数分裂不能正常进行，雄花的花粉没有生活力，授粉后起不到刺激雌花子房发育膨大的作用，同时由于三倍体无籽西瓜植株的生长势比普通西瓜旺，因此坐瓜较为困难。

(4)有明显的杂交优势 无籽西瓜既是四倍体与二倍体西瓜的杂交一代，同时又是多倍体植株，器官形态上明显比普通二倍体西瓜大而壮。因此，三倍体无籽西瓜植株在田间表现为生长旺盛，抗性较强，对肥、水的需求量大。

(5)要求较高的环境温度 无籽西瓜种子发芽的适温范围为33℃～35℃，上限为42℃，下限为28℃。比一般西瓜要高，其植株生产和果实发育期也均需较高的环境温度。

综上所述，三倍体无籽西瓜的生育特点可以概括为“口紧”、“苗弱”、“坐瓜难”、“后劲大”4个方面。

4. 如何区别无籽西瓜、二倍体西瓜与四倍体西瓜?

(1)从种子形态上区别 二倍体西瓜种子先端较尖、较长，种仁饱满，种壳薄而光滑；四倍体西瓜种子先端宽，形状介于椭圆和圆形之间，近于方形或长方形，种子较厚而饱满，种壳比二倍体西瓜的壳厚得多，而且多有裂纹和裂刻。三倍体西瓜种子与四倍体西瓜种子在外观上差别不大，形状更圆些，种子薄而且不饱满，种子表面有凹陷，手捏感觉较瘪，而四倍体的种子手捏时感觉鼓而饱满。剥去种壳会发现三倍体西瓜种子多为抱合子叶，或子叶有不同程度的缺刻，即使是发育较好的种胚也很不充实。

(2)从种子重量上区别 同一品种的二倍体种子粒重为37～47毫克，三倍体种子粒重为52～62毫克，四倍体种子粒重为62～77毫克。

(3)从瓜苗形态上区别 二倍体西瓜的子叶薄而平展，真叶较窄而且薄，裂片重叠少，色浅，有蜡粉，茎细且节间长；四倍体西瓜的子叶厚而上凸，真叶团而厚，色深，裂片重叠多，无蜡粉，茎粗且节间短；三倍体西瓜的瓜苗性状比较接近于四倍体西瓜，子叶薄，较平展，多呈“箭头”状畸形，真叶较团较厚，色较深，裂片有重叠，无蜡粉，节间较长，茎较粗。

5. 无籽西瓜发芽率低的原因及解决措施有哪些?

(1)无籽西瓜发芽率低的原因 ①无籽西瓜的种胚发育不全，仅占种子总重量的50%，且大多为畸形。②无籽西瓜种子的种皮厚，因此幼胚很难顶破种皮出芽。③无籽西瓜的种腔空隙较大，在浸种催芽过程中易于积水过多而产生烂籽现象。④无籽西瓜催芽时温度要求较高，不易准确调控，使得无籽西瓜的发芽率在生产上难以提高。

(2)解决措施 在生产上我们采用了破壳控湿高温快速催芽新技术，基本上解决了发芽率低的问题。破壳就是在催芽前先用牙齿把种脐轻轻嗑开一些，或用钳子等工具轻轻夹开种脐，以帮助弱胚出芽。控湿十分重要，浸种的时间要减少，一般用55℃的水只浸1.5～2小时即可。催芽可采用沙盘或布卷等催芽方法来控制湿度和改善通气条件。催芽应放在较高温度(33℃～35℃)下进行，促使其快速出芽。

另外，改进种子质量增加种子饱满度也有利于提高无籽西瓜的种子发芽率。提高无籽西瓜种子质量具体可采取以下办法：一是选择适宜地区适宜季节制种。实践证明西北地区(新疆维吾尔自治区与甘肃省河西地区)制的无籽西瓜种子质量特别好，饱满度好，千粒重大，含水量低，发芽率高。制种季节应把种子发育成熟期控制在高温季节，制出的种子质量比较好，一般内地秋瓜采种与海南岛、云南等地的南繁冬熟制的无籽西瓜种子质量往往因气温低而质量不好。二是种瓜的采收调制技术要掌握好。要用完熟或过熟的瓜采种，这样的种瓜中的种子发育饱满、着色好、发芽率高，在采种时切忌进行酸化处理，也就是种瓜要随剖随淘洗干净后晾晒，不要进行带籽存放多日发酵，因无籽西瓜种子发酵后淘洗将严重影响种子发芽率；另外，也不能将种子直接放在水泥地上暴晒以免影响种子发芽。三是增施磷肥亦可有效提高无籽西瓜种子质量。

6. 无籽西瓜成苗率低的问题如何解决？

无籽西瓜由于它的小苗生长弱而缓慢，且需要较高温度，幼芽出土时又常易戴帽(种皮)，因此气候稍有不适，管理稍有不慎就会造成出土困难或停止生长发生僵苗，甚至小苗损伤致死。所以，生产上经常会出现成苗率低的问题。

目前，生产上采用温床育苗、适当推迟播种期、催芽育(子叶)苗法以及加强小苗管理等技术，基本上解决了无籽西瓜成苗率低的问题。温床育苗可以有效控制床温，促进小苗正常生长。温床种类大致有酿热温床、火炕温床及电热线温床等几种，可因地制宜分别选用。有电源保证的地方可以推广电热线温床育苗。北京郊区大面积推广电热线育苗，由于床温易于控制，使用效果又好，因此深受瓜农欢迎。无籽西瓜幼苗极不耐低温，因此不宜提早播种育苗，一般可在气(地)温已经稳定升高的时期播种比较有把握，且易于成苗，通常可比普通西瓜的播种期推迟 1 周左右。把已催芽的种子密播于盛有培养土的浅木箱或育苗盘中，置于 32℃温度下催芽出土，然后在阳光下绿化 2～3 天，再把子叶苗小心移入营养钵内置于苗床育苗，这种方法实质上是把容易影响成苗的种子发芽出土过程置于较高的适宜的温度与管理条件下，这样有利于促进成苗；同时，应加强小苗管理，及时小心摘帽(种皮)以减少幼苗损伤。

7. 无籽西瓜怎样进行大田直播？

(1)适时播种 由于无籽西瓜苗期要求的温度较高，因此在同等条件下，无籽西瓜的播种日期比普通西瓜应适当推迟。在一定的温度范围内，出苗率随着温度的升高而增加，出苗期也会随气温升高而缩短。温度指标以气温稳定通过14℃为最适播期。

(2)足墒播种 无籽西瓜出苗期期间对土壤水分要求较严，只有水分充足时才能迅速出苗，最适土壤相对湿度为75%～80%。土壤含水量在19.2%(相当于田间最大持水量的70%)以下时，出苗率随墒情增加而提高，出苗期也随之提前。土壤含水量低于14%(相当于田间最大持水量的52%)时出苗率显著降低，出苗期延长。

(3)大芽直播 无籽西瓜由于幼芽生长势弱，顶土力差，如果长时间在土壤中难以出苗，就会造成烂芽或干萎，因此一般不采用干籽直播的方法而采用大芽直播。大芽直播可以加速直播西瓜出苗，减少养分的消耗和受病虫危害的概率，使出苗率显著提高。最佳芽长为1.5～2厘米。

(4)浅覆土 试验表明，无籽西瓜覆土浅出苗快。覆土过深，既增加了对种子的压力，也增加了种子的养分消耗，会造成部分种子因无力顶破覆土而死亡。但覆土太浅，易造成种子“戴帽”出土。一般情况下种子覆土1.5～2厘米厚为宜。

(5)及时覆盖地膜 直播的无籽西瓜需要墒情充足，地温较高，覆土较浅。如果不及时覆盖地膜，风会很快吹干种子上面的覆土，土壤温、湿度也难以保证，播后及时覆膜，既保持了土壤水分，又提高了地温，对无籽西瓜直播的成功至关重要。一般采取先播种后盖膜或改良式地膜覆盖。

8. 无籽西瓜移栽定植时应注意哪些问题?

(1)掌握移栽的适宜苗龄 无籽西瓜幼苗在1～6片真叶时均可进行移栽,但对不良环境条件有较强抗性,根系受伤小,易成活的适期为3～4片真叶期。

(2)适时定植 移栽时间以当地终霜过后才能定植于露地,以免因低温霜冻造成不耐低温的无籽西瓜幼苗的死伤。

(3)定植密度不宜过密 无籽西瓜植株生长势强壮,坐瓜节位偏高,成熟期较晚,宜比普通西瓜适当稀植。一般行距为1.8～2米,株距为0.5～0.9米,每667平方米栽500～700株。

(4)浇足水 定植时瓜垄要提前浇透底水,定植穴也要浇足定植水,使营养钵与田土能紧密结合。定植后及时覆膜,以有利于增温、保墒、促使瓜苗加快前期生长,及早坐瓜。

(5)科学配置授粉品种 由于三倍体无籽西瓜自身雄花的花粉没有生活力,不能刺激雌花子房膨大生长,因此必须配置授粉品种。一般以普通二倍体西瓜品种作授粉品种较好,因二倍体西瓜品种的花粉量大,生活力强。采用昆虫授粉时,无籽西瓜与授粉品种的比例为3～4∶1。若用人工授粉品种比例可为8～10∶1。授粉品种的花期、熟性、坐瓜性应与无籽西瓜基本一致,但瓜形和瓜皮花纹应与无籽西瓜有明显区别。

9. 无籽西瓜如何整枝、压蔓和留瓜?

无籽西瓜采用双蔓或三蔓整枝。由于无籽西瓜生长势强,侧蔓发生多且生长快,要早整枝,勤打杈,坐瓜后如果瓜蔓生长势仍然很强,可进行茎尖摘心或压入土中。

无籽西瓜压蔓要及时,要狠,以防因营养生长过旺而推迟坐瓜和形成畸形瓜。无籽西瓜压蔓时可采用明压,也可采用暗压。一般坐瓜前压2～3次,坐瓜后压1～2次。

无籽西瓜坐瓜节位低时，不仅果实小，果形不正，果皮厚，而且秕籽多，易空心和裂果，因此无籽西瓜应该选择高节位留瓜，生产上一般选主蔓上第三雌花留瓜。采用双蔓和三蔓整枝时，每株只留1个瓜。由于无籽西瓜在坐瓜期果实营养中心不突出，采用多蔓整枝时1株可结多个果。无论采用哪种整枝方式，一般都可结二茬瓜，栽培管理适当时可结三茬瓜。

10. 怎样提高无籽西瓜的坐瓜率？

三倍体无籽西瓜在栽培上常表现坐瓜困难，这也成为影响产量的一个重要因素，其原因除植株生长势旺，坐瓜节位高等以外，三倍体西瓜的子房孕性差，对花粉刺激敏感性差，影响雌花子房膨大是主要原因。为了促进坐瓜并使坐瓜整齐和成熟一致，应用人工辅助授粉是增产的关键措施之一。一般可在花期清晨采集含苞待放的授粉品种雄花，待雄花开放散粉后，把雄花花瓣反卷，将雄蕊露出，在三倍体无籽西瓜雌花的柱头上轻蘸几次，使雌花柱头能均匀蘸到花粉。1朵雄花可为1～3朵雌花授粉。

无籽西瓜的花期如遇低温、阴雨天气，昆虫传粉和人工辅助授粉均有困难，对坐瓜影响很大，这时可利用植物生长调节剂处理，也可做到稳产丰产。如中国农业科学院郑州果树研究所研制的坐瓜灵是一种苯脲型细胞分裂素，能有效促进细胞分裂。用一定浓度的坐瓜灵溶液给雌花子房喷雾或涂抹瓜柄，可使坐瓜率达到90%以上。但使用时应注意，第一，根据产品说明书准确配制药液浓度。第二，须与人工辅助授粉结合进行。第三，药剂处理子房或瓜柄应受药均匀，特别是涂抹浓度较高更需注意。

11. 栽培无籽西瓜时肥水如何管理？

无籽西瓜的植株生长势旺，在全生育期对肥水的需求量大于普通二倍体西瓜，为保证丰产和果实品质，应保证科学的肥水供给，采取“促两头，控中间”的管理办法。

无籽西瓜生长前期生长势弱，应保证肥水，提高环境温度促进其生长；在生长中后期会旺盛生长，易徒长并且坐瓜困难，因此在坐瓜前就应控制肥水，加强整枝压蔓以控制营养生长。坐瓜后特别是膨瓜期要保证充足的肥水供应。一般可每 667 平方米追施 15～20 千克复合肥，浇 2～3 次透水，以促进果实迅速膨大，充分发挥无籽西瓜的丰产优势。也可结合浇水追施尿素 8 千克和硫酸钾 10 千克。尽量不施或少施磷肥，以免增加果实中白色秕籽的数量。

无籽西瓜的基肥施用量一般应较普通的二倍体西瓜多，土壤肥力中等条件下，每 667 平方米可采用沟施或穴施有机肥 4 000～5 000 千克、饼肥 60～80 千克、过磷酸钙 40～50 千克、尿素 30 千克、硫酸钾 25 千克作为无籽西瓜的基肥。

12. 为什么无籽西瓜有的会出现正常种子？

(1)三倍体无籽西瓜本身就可产生少量的正常种子 三倍体无籽西瓜主要是雄配子高度不育(99.9%的雄配子不育)造成的，但还有 0.1%的雄配子是可育的，所以还有 1/1 024 的机会可以形成正常的种子，但为数不多，一般每个瓜有 1～3 粒。

(2)“返祖现象” 三倍体无籽西瓜在田间还会产生外观性状同无籽西瓜母本相似的二倍体有籽西瓜，没经验的瓜农是看不出来的，这种现象叫“返祖”，主要是由于多倍体西瓜在种子形成过程中，细胞染色体分裂不正常引起的。有经验的瓜农可在无籽西瓜育苗期根据其不同的性状进行剔除或在收瓜前将其区分开。

(3)种子纯度不高 有母本或其他二倍体西瓜种子混入，可在播种时挑出剔除。

13. 影响无籽西瓜无籽性状的因素有哪些?

无籽是无籽西瓜的主要性状,但是除以上原因外,有的无籽西瓜果实中有与正常种子的外观、颜色、大小相似的空壳籽粒,而且种皮坚硬,这就是所谓的着色秕籽。有些果实中虽然未出现秕籽,但白色秕籽多而大,也失去了无籽西瓜的意义。影响无籽西瓜无籽性状的因素主要有以下几方面。

(1)品种问题 父、母本的种子大小与其杂交后代三倍体无籽西瓜果实内白色秕籽的大小有关,尤其是母本四倍体的影响更大,双亲都是小籽粒种子的有利于无籽性状的表现。着色秕籽的出现与亲本是否为纯系也有一定的关系,选用出现着色秕籽少的组合,采用小籽粒四倍体品种和高度纯系的亲本,能提高无籽西瓜果实的无籽性状。

(2)与授粉品种有关 采用小籽粒品种作为授粉品种时,果实的着色秕籽和白色秕籽均少而小。

(3)与磷肥施用量有关 磷肥能促进白色秕籽的发育,应控制磷肥的用量。

(4)与低温坐瓜有关 无籽西瓜生长需要比普通二倍体高的环境温度,果实发育要求的温度更高。因此,在低温下坐瓜,果实发育不正常,经常会出现着色秕籽和白色秕籽大而多的现象。大棚种植无籽西瓜这种现象最明显。

(5)与坐瓜的节位有关 高节位果实的无籽性状较好,而低节位的无籽性状差,所以选留高节位即主蔓第三或第四个雌花坐瓜最好。

14. 无籽西瓜在田间管理上有什么特殊要求?

(1)适当稀植,多蔓多果 无籽西瓜耐暑热,生长中后期生长势旺盛,不易发生早衰而且连续坐瓜性较强。移栽定植时,应加大行、株距，单位面积上株数要适当减少，每株留蔓数则应适当增多。这样，一方面能减少种苗费用，而更主要的是可以发挥其多蔓多瓜的特性优势，从而获得优质丰产。无籽西瓜的行距为2.2～2.5米，株距1米左右，每667平方米栽260～300株，单株留蔓数5～7条。

(2)配置授粉品种，进行人工辅助授粉 三倍体无籽西瓜的配子是高度不育的，故在种植无籽西瓜时，必须配置普通西瓜作为授粉品种，否则它的子房便不能发育成正常果实。任何品种的普通瓜，都可用来为无籽西瓜授粉，但从经济效益上考虑，以商品性好的品种为宜，另外，应注意授粉品种果实的形状、皮色等外观特征，必须与无籽西瓜果实有明显的区别以便于在采收时辨认，防止发生差错。用于授粉的品种，与无籽西瓜同时播种或稍晚几天均可，因为西瓜为连续开花作物，它的花期较长，而雄花出现的比例又大，一般不会发生花期不遇的现象。配置授粉品种，一般按无籽西瓜∶普通西瓜＝3～4∶1的比例间隔栽植即可。也可把授粉品种种植在瓜田的一角，在开花期间，先集中采摘雄花后再为无籽西瓜授粉，如果采用这种方法，则无籽西瓜与授粉品种的比例可增大到20∶1。人工辅助授粉对于促进无籽西瓜坐瓜有显著效果。

(3)适当控制生长，促进坐瓜 伸蔓后采取促控相结合的管理措施。在施肥方面可减少基肥的施用量，抽蔓肥应根据长势适量减少施用，并采用撒施方法，避免集中施用引起徒长；另一方面进行整枝和人工辅助授粉，以促进坐瓜。在地力较差、施肥水平不高的地区，以三蔓整枝有把握；而在土质肥沃、施肥水平高的地块，以采用双蔓整枝为宜。无籽西瓜植株坐瓜后，植株养分分配中心由茎叶转向果实，已无徒长危险，可重施结瓜肥，以促进果实的膨大和保持继续生长，增大瓜型和后期结瓜，施肥总量较普通西瓜约增加20％。

(4)加强后期管理 无籽西瓜后期生长势强，耐暑，但当时处于高温干旱季节，应加强肥水管理。加强除草和高温期蚜虫、红蜘蛛、白粉病的防治，争取后期多结瓜，这是夺取无籽西瓜高产的一个重要环节。

(5)适时采收 无籽西瓜的采收成熟度可适当提前，因部分品种果实过熟，在种子腔部位出现空洞，果肉软绵影响品质。因其瓜皮较厚，成熟度难以判断，为了确保品质，最好采用标志采收法。

十一、小果型西瓜及籽瓜栽培

1. 小果型西瓜与普通西瓜相比有何特点?

(1)植株生长势的差异 小果型西瓜由于种子较小,种子贮藏养分较少,幼苗出土后子叶小,其生长势明显比普通西瓜弱。前期生长势差,主要表现在蔓细、叶小、叶片的缺刻一般都较深。小果型西瓜用于早春保护地栽培时,由于受早春保护地内低温、寡照等不良环境因素的影响,幼苗期与伸蔓期植株生长势更弱,而且初期的雄花发育不全,畸形花多,花粉量少,甚至没有花粉,影响正常授粉、受精,从而影响坐瓜及果实的发育。生长后期由于温度的升高,植株的生长逐渐恢复正常,如果不能及时坐瓜,则往往会发生徒长。小果型西瓜虽然生长势较弱,但分枝能力较强,侧枝较多。

(2)果实的差异 从单瓜重看,普通西瓜的单瓜重一般都在3千克以上,大的可达10千克,甚至更大,小果型西瓜一般单瓜重2千克以下。从果实外观看,小果型西瓜的外观比普通西瓜的外观更加精美秀丽,主要表现在底色清纯、条带细而整齐、界限清晰。从果实剖面看,小果型西瓜的瓜皮很薄,一般只有0.3～0.5厘米,而普通西瓜的瓜皮厚度一般都在1厘米左右甚至更厚;此外,小果型西瓜一般比普通西瓜的肉质要细,口感风味要好,含糖量更高。从种子看,小果型西瓜的种子较小,千粒重一般在30.8～37.5克。

(3)生育期的差异 小果型西瓜的全生育期及果实发育期都比较短,果实发育快。在适宜的条件下,从雌花开花到果实成熟,小果型西瓜只需要20多天,比普通西瓜的早熟品种还要提早7～10天。但在早春促早栽培时,由于果实发育阶段的温度较低,果实发育所需的时间也相对比较长,一般5月中旬采收的瓜,从雌花开花到果实成熟需要 40 天左右，6 月中旬采收的瓜需要 30 天左右，其后由于温度升高，只需 22～23 天。

(4)结瓜习性的差异 由于小果型西瓜前期生长势普遍较弱，后期随着温度的升高，如不能及时坐瓜，则容易出现徒长。因此，小果型西瓜在管理上应促进前期营养生长，尽快形成坐瓜所需的叶面积，确保适时坐瓜，防止后期徒长。小果型西瓜由于果型小、果实发育期短，坐瓜后消耗的养分比较少，对植株的营养生长影响不大，不易衰老，可以实现连续多茬次结瓜，多次采收。此外，由于小果型西瓜分枝能力较强，侧枝较多，一株瓜秧同时可以结多个瓜，实行多蔓多瓜栽培。掌握了一株多瓜和连续结瓜的习性，可有效提高小果型西瓜的产量和栽培效益。

(5)对肥料敏感性的差异 小果型西瓜营养生长与施肥量有密切关系，对氮肥的反应比较敏感。氮肥过多，容易引起植株营养生长与生殖生长失调而影响坐瓜。因此，基肥的施用量较普通西瓜应减少 30%左右，而嫁接苗的施肥量可减少约 50%。

2. 小果型西瓜栽培的方式有哪些？

(1)冬春大棚早熟栽培 这种方式是小西瓜的主要栽培方式。适宜的播种期在 1 月下旬至 2 月下旬，2 月下旬至 3 月上旬大棚定植，可充分利用 3～5 月份有利的气候条件。5 月中旬始收，生长结果期长，可多茬结果，产量高。

(2)春季小棚栽培 2 月中下旬播种育苗，3 月中下旬小拱棚定植，前期套内棚或加盖草帘防寒保温，6 月上中旬始收，成本低。

(3)夏季栽培 利用大棚夏季高温休闲期，可栽培一茬小西瓜。5 月底播种育苗，苗龄 10～15 天，6 月中旬大棚定植。

(4)秋季栽培 秋季及初冬生长季节较长，前期仍处于高温阶段，后期温度低，须覆膜增温。根据播种季节可以分早秋栽培和秋季栽培。早秋栽培 7 月上中旬播种育苗，7 月下旬至 8 月初定植，

9月下旬至“国庆”期间采收上市。秋季栽培8月中下旬播种育苗，9月上中旬栽苗，元旦前后采收上市。

3. 小果型西瓜栽培有哪些特点？

（1）品种选择 我国刚开始发展小果型西瓜栽培时，品种主要从日本、韩国和我国台湾省等地引进，栽培面积较大的品种有早春红玉、红小玉、黄小玉、特小凤、小兰、黑美人等。近年来，我国育种工作者自己育成了一批小果型西瓜品种，如早春翠玉、金玉玲珑、小天使、京秀等。以上引进品种的特性及栽培适应性均缺乏对比试验，有一定的盲目性。农户反映：一是早春红玉在早播条件下前期缺乏花粉，影响结果；特小凤、小兰等品种夏秋栽培时植株生长势弱，果型很小，给生产带来一定损失。二是进口种子的价格昂贵，增加生产成本，不利于在经济基础较差的地区发展。三是种源不稳定，难以保证生产。故应积极培养推广我国大陆培育的品种，以利于推动小果型西瓜生产的发展。

（2）育苗 培育壮苗是小果型西瓜早熟丰产的关键。壮苗的标准是下胚轴粗短，子叶肥大完整，真叶大，伸展正常，叶色浓绿，根系发育良好，营养钵苗不散坨不伤根，幼苗生长一致，具有3～4片真叶。育苗时间和育苗方法根据栽培形式和栽培季节的不同而不同。

采用塑料大棚早春栽培时，一般在1月下旬至2月上旬播种育苗，2月下旬至3月上旬大棚内定植大苗（3叶1心）。过早播种，采收期虽可相应提早，但苗期较长，在1年中气温最低、光照严重不足的条件下，幼苗生长过弱，雌花蕾小，雄花发育不良，早期果型小，因而前期产量不高，同时早期保温、增光十分困难，盲目早播成功把握不大。但播种期过迟，则不能充分利用3～5月份的有利气候条件，影响产量和品质，早熟栽培效益不明显。

早春塑料大棚、塑料中棚、塑料小棚栽培时，采用温床育苗。

小果型西瓜的育苗方法与普通西瓜的育苗方法基本相似。在重茬地上栽培时，为了防止西瓜枯萎病的发生，应该进行嫁接栽培。

(3)整地、施肥、做畦 应选择地下水位低、土壤疏松肥沃、排灌方便、交通便利，多年未种瓜的地块种植小果型西瓜。

瓜地通常在前茬作物收获后进行深翻冻垡，定植前15天左右开始整地施肥，小果型西瓜的需肥量比普通西瓜要少，一般自根栽培时，施肥量为普通西瓜施肥量的70%～80%，采用嫁接栽培时，施肥量为普通西瓜的50%～60%，施肥方法同普通西瓜。施肥后开始做畦，大棚、中棚栽培时一般采用高畦，畦面宽1.8～2米。瓜畦做好后覆盖地膜，并扣好大棚、中棚和小棚的棚膜，以便提高地温，有利于定植后尽快缓苗。

(4)定植 小果型西瓜种植密度因栽培方式和整枝方法的不同而异。爬地栽培时，如果采用双蔓整枝，一般每667平方米种植800～1 000株，采用三蔓整枝，每667平方米种植600株左右，采用四蔓整枝时，每667平方米种植450株左右。小果型西瓜的种植密度有向稀植多蔓方向发展的趋势，如采用5蔓整枝时，每667平方米只种植380株左右即可。采用稀植多蔓整枝的好处：一是符合小果型西瓜的分枝和结果习性，二是由于小果型西瓜种子非常昂贵，稀植可以节省种子，节约生产成本。

由于小果型西瓜瓜小、植株生长势弱，特别适于吊蔓栽培，每667平方米可种植2 000株以上。

小果型西瓜应适时定植，定植过早，由于温度低，瓜苗生长缓慢，而且容易受到冷害；定植过晚，则果实成熟也晚，削弱了早熟栽培的作用。一般当10厘米地温稳定在12℃，棚内日平均气温稳定在15℃，凌晨最低气温不低于5℃时即可定植。

定植应选晴天进行。定植前1周，加强苗床通风，最低气温可降至8℃～10℃，以提高幼苗适应性，并结合分级选苗，移动苗钵位置进行蹲苗，抑制地上部生长，促进发根，严格淘汰弱苗、僵苗、不良苗。定植的具体操作方法与普通西瓜相同。定植时大棚和中棚的棚膜不用揭开,小拱棚的棚膜要揭开,定植后及时盖上,尽快提高棚内的温度。

由于小果型西瓜开花初期雄花的花粉少,为了促进坐瓜,最好种植一小部分普通的早熟西瓜(开花一定要早)作为授粉品种。

(5)温度管理 栽培小果型西瓜缓苗期需要较高的棚温,白天保持在30℃左右,夜间15℃左右,最低不低于10℃,地温保持15℃以上。缓苗后至开始伸蔓期间,白天保持棚温22℃～25℃,超过30℃时放风,夜间气温保持在12℃以上,10厘米地温15℃。伸蔓期白天保持在25℃～28℃,夜间保持在15℃以上;开花坐瓜期也需要较高的温度,白天保持在30℃～32℃,夜间相应提高,以有利于授粉、受精,促进果实的生长。

调节棚内温度主要是通过增加和减少覆盖层数以及控制放风口的数量和大小的方法来实现。一般在前期温度低时夜间要加盖草苫,日出后揭除,采用大棚加小拱棚两层棚膜覆盖时,上午当小拱棚内的温度超过要求的温度时,应把小拱棚的棚膜揭开,使幼苗在大棚的环境下生长,一般缓苗期不需要揭开大棚放风,下午温度降低时盖上小拱棚,临日落时盖上草苫。发棵期除揭开小拱棚外,还应该扒开大棚的通风口进行通风。通风不仅是调控温度的重要手段,而且是降低空气湿度、提高透光率、补充棚内二氧化碳含量、促进光合作用的重要手段,故从发棵期开始大棚就应该进行通风,并逐渐加大通风量。随着外界温度的升高和瓜蔓的伸长,应逐步减少覆膜层数,首先夜间可不覆盖草苫,当10厘米地温稳定在12℃,日平均气温稳定在15℃,凌晨最低气温不低于5℃时可拆除小拱棚。

(6)光照管理 西瓜是喜光作物,在覆盖栽培时必须加强光照管理,增加光照强度和延长光照时间,以满足西瓜生长发育的需要。

增加光照强度和延长光照时间的措施有：①在温度允许的情况下，草苫应尽可能早揭晚盖以延长光照时间，白天大棚内的覆盖层数应尽可能减少以增加透光率。②在温度允许的情况下，应及时通风，降低棚内的湿度，减少或消除棚膜上凝结的水珠，提高棚膜透光率，有条件的地方最好使用无滴膜。此外，还应经常清洗棚膜，保持棚膜洁净。③实行全园覆膜，利用地膜对光照的反射作用提高光照强度。

(7)整枝、压蔓　普通西瓜早熟栽培一般采取密植少蔓的栽培方式，即增加单位面积株数，减少单株的蔓数，以达到增加果数和提高早期产量的目的。小果型西瓜推广初期，曾提出大棚地爬式栽培，每667平方米栽植600株，采用轻整枝或不整枝的管理方法，但随着栽培技术的不断完善，种植的密度有减少的趋势，每667平方米改为栽400～500株，而整枝的方式则改为多蔓(4～5蔓)整枝，即减少株数，增加单株蔓数。这样更符合小果型西瓜的生长和结瓜特性，同时也节省了种子。

合理整枝可使养分相对集中，瓜蔓生长粗壮，有利于坐瓜和增大瓜型，还能增大叶片，提高叶片的质量，延长叶片的寿命，增强光合效能，比不整枝的更为有利。多蔓整枝符合小型西瓜的生育特点，但到底留几根蔓为宜，尚待进一步研究。

整枝方法分保留主蔓法和苗期摘心法2种。保留主蔓整枝法主蔓始终保持顶端优势，结瓜较早，但各蔓间生长势参差不齐，开花授粉时间不一，果实间成熟的一致性差；苗期摘心整枝法则选留若干生长相对一致的子蔓，开花时间和坐瓜位置相近，可望同时结瓜，瓜形圆正，商品率高。保留主蔓时，在主蔓基部保留2～3条子蔓，形成三蔓或四蔓整枝的方式，摘除其余子蔓及坐瓜前发生的孙蔓，这种整枝方式的留瓜节位以主、侧蔓第二雌花为主。若采用苗期摘心应在幼苗6片真叶时进行，摘心后保留3～5条生长相近的子蔓，使其平行生长，摘除其余子蔓及坐瓜前子蔓上发生的孙蔓。

小果型西瓜压蔓一般采用明压。大棚、中棚栽培时，一般不会受到风害，压蔓的主要目的是使瓜蔓在田间分布均匀。小拱棚西瓜拆棚后要及时把瓜蔓压牢，防止因刮风使瓜蔓互相缠绕，影响生长。

(8)促进坐瓜 促进坐瓜的主要措施有：①人工辅助授粉。小果型西瓜雌花开放时，进行人工辅助授粉可提高坐瓜率，特别是在前期低温弱光条件下，部分品种由于不良气候条件的限制雌花发育不良，花粉发育不完全，可以采用普通早熟西瓜品种作为授粉品种进行人工辅助授粉，以利于结果。②使用植物生长调节剂促进坐瓜。在连续阴雨或无其他西瓜花授粉时，可使用植物生长调节剂促进坐瓜。使用植物生长调节剂时应正确掌握其浓度和处理方法，如喷布不均匀，容易引起畸形瓜、裂瓜；用量过大，易出现僵瓜；植物生长调节剂浓度不够，则瓜型较小。因此使用植物生长调节剂促进坐瓜时，应严格按照产品说明所要求的使用浓度、使用方法和使用时间进行使用。如果进行无公害小果型西瓜的生产时，应禁止使用植物生长调节剂。

(9)选留瓜 小果型西瓜不论是主蔓还是侧蔓，以第二雌花留瓜为宜(第十至第十五节)。此外，可根据植株的生长势留瓜，生长势强时，可利用低节位雌花留瓜；反之，则推迟留瓜节位。至于留瓜数目，同一茬瓜留瓜愈多，瓜型愈小，瓜形整齐度愈差，一般以留2～3个瓜为宜，坐瓜多时应适当疏瓜，当头茬瓜生长10～15天以后留二茬瓜。

(10)肥水管理 小果型西瓜瓜皮很薄，浇水不当容易造成裂瓜。水分管理时切忌过分干旱后突然浇大水，引起土壤水分的急剧变化而加重裂瓜，应保持土壤水分持续而稳定的供应。

在施足基肥、浇足底水、重施长效有机肥的基础上，头茬瓜采收前原则上不施肥，不浇水。若表现水分不足，应于膨瓜前适当补充水分。在头茬瓜大部分采收后第二茬瓜开始膨大时应进行追肥，以钾、氮肥为主，同时补充部分磷肥，每667平方米施三元复合肥50千克，于根的外围开沟撒施，施后覆土浇水。第二茬瓜大部分采收，第三茬瓜开始膨大时，按前次用量和施肥方法追肥，并适当增加浇水次数。由于植株上结有不同茬次的瓜，而植株自身对水分和养分的分配调节能力较强，因此裂瓜现象减轻。

(11)采收 小果型西瓜果型小，从雌花开放至果实成熟时间较短，在适温条件下较普通西瓜早熟7～8天，果实发育约需25天。在早熟栽培时，果实发育期，气温较低，头茬瓜(4月份前)仍需41～42天，二茬瓜(5月中旬前)需30天左右，而第三茬瓜(6月份以后)因气温升高，果实发育只需22～25天。采收前的气候条件及成熟度与瓜的品质有关，温度高、光照充足，则瓜的品质优良；反之则品质下降。采前白天温度应控制在35℃，夜间通风，温度控制在20℃～25℃，西瓜的品质好。果实的成熟度根据开花后天数推算，并可剖瓜试样确定。适当提前采收，可减轻植株负担，有利于瓜的生长及下一茬瓜的膨大，可增加产量。

(12)小果型西瓜裂瓜的防止 小果型西瓜瓜皮薄，容易裂瓜，造成商品率低、商品性下降，成为发展小果型西瓜的主要障碍。为了防止裂瓜，应该采取以下措施：①选择瓜皮坚硬、不易裂瓜的品种，如黑美人、春光等。②实行多蔓整枝，缓和植株的生长势。③利用设施防雨，防止雨水进入瓜田，以免引起裂瓜。西瓜生长后期雨水多的地区，小棚覆盖应增大覆盖的跨度，实行全期覆盖进行防雨。夏秋栽培时尽管温度适宜，亦应覆盖防雨。④加强水分管理。土壤含水量骤然变化是导致小果型西瓜裂瓜的主要原因，故一般在施足基肥、浇足底水的基础上不施肥、不浇水。若发现缺水，在膨瓜前或膨瓜前期适当浇水，待头茬瓜多数采收后，再加强肥、水管理。⑤增施磷、钾肥，增强瓜皮韧性。

4. 什么是籽瓜?

以种子为主要食用部分的西瓜称籽瓜,包括黑籽瓜和红籽瓜。籽瓜的分布较广,栽培历史悠久,江西省吴城大板传说早在唐代、宋代年间就有种植。江西省信丰县志记载,1536年就有红籽瓜栽培,距今已有400多年历史。甘肃省兰州籽瓜,在皋兰县志载,“又有一种籽瓜,籽黑而大且多,瓤不堪食,专取其子收之。”以上记载证明,早在200多年以前就有籽瓜种植。

5. 我国籽瓜的主要产区有哪些?

籽瓜耐瘠,耐旱,适应性强,多行粗放栽培,主要分布在北方干旱地区,在某些地区,在对其进行长期驯化和人工选择下,多雨的南方地区亦能栽培生产。现根据自然区划及各地的实际栽培面积分为以下几个产区介绍。

(1)西北产区 气候干旱,光热资源丰富,属西北半干旱与干旱农业气候大区,也是我国籽瓜栽培主产区。据1989年不完全统计,西北各省(自治区)的籽瓜种植总面积约为10万公顷,年产量2.3万吨左右,栽培面积与总产量分别占全国的80%和90%。该区的籽瓜种植主要分布在甘肃省的皋兰、靖远、景泰、会宁、临洮等县及河西灌溉栽培区、新疆维吾尔自治区、宁夏回族自治区的平罗、石嘴山、贺兰等县、市。

(2)华北产区 主产于内蒙古自治区,属温带干旱或半干旱区,气候特点是温差较大,日照时数长。栽培面积约1.76万公顷,年产量0.3万吨。主要产区分布于内蒙古自治区赤峰市的敖汉旗、兴安盟的科尔沁右翼前旗、巴彦淖尔市的河套平原。

(3)南方产区 主要分布在江西省的信丰、吉水、泰和等县,湖南省的道县,安徽省的合肥、六合、芜湖等市,广西壮族自治区的贺州市等地。台湾省栽培面积5 000多公顷,仅台南县每年就种植

3 000 多公顷。

6. 栽培籽瓜有什么意义?

(1)提高土地利用率 籽瓜具有耐瘠、耐旱、适于粗放栽培等特点,在北方利用沙田和荒地种植,南方则利用丘陵红壤种植,不占用农田好地,同时亦可熟化土壤。

(2)经济价值较高,投资少 是贫困地区发展经济的一项副业增收的门路。

(3)瓜瓤具有丰富的营养 据测定,兰州籽瓜瓤含水量约94.9%、可溶性固形物含量约4%、还原糖约2.5%、碳水化合物约3.03%,还含有少量钙、磷、铁、维生素A、维生素B_1、维生素B_2、维生素C等,除碳水化合物和还原糖含量低于食用西瓜外,其余均超过食用西瓜。

(4)黑瓜籽、红瓜籽是传统的出口土特产品,深受外商欢迎 宁夏红瓜籽和江西信丰红瓜籽的颜色红润,象征福禄、吉祥、喜气洋洋,深受东南亚地区国家的欢迎,在对外贸易中有较强竞争力,售价高出黑瓜籽数倍。全球黑瓜籽贸易量约10万吨,中国占世界市场年贸易总量的80%。

7. 籽瓜的生育特性有哪些?

籽瓜植株的形态及其对环境条件的要求和生育特性与食用西瓜大体相近,现择其不同点简要叙述如下。

植株的生长势较弱,分枝多,茎蔓细,叶片较小,叶片裂刻深,易坐瓜,一般单株可结3～5个瓜,瓜型较小,平均单瓜重2千克,大者5千克。瓜皮可分核桃纹皮、花皮、白皮和黑皮等几种。瓤色为白色或浅黄色,肉质细软,多汁,味淡,微酸,瓜瓤含糖量仅4%。单瓜种子量较多,种子大,板型因品种而异。兰州大板型宽而短,似牛眼,白心黑边,10粒种子宽10～12厘米,千粒重240～290

克。红瓜籽板型狭而长，横径 0.82～0.85 厘米，长 1～1.2 厘米，千粒重 140～170 克，扁平，鲜红色或红褐色。喜温好光，根系深，耐旱。在西北地区生长季节（4～8 月份），只要降雨量分布均匀就能正常生长。

籽瓜生长期约 120 天。种子发芽出土至 4 片真叶期约 40 天，苗期生长较缓慢，呈直立状，其后节间伸长，由直立转向匍匐生长，主蔓 3～5 节出现雄花，至盛花约需 30 天。雌花开放至种子充分成熟约需 50 天。

8. 北方传统抗旱栽培籽瓜的技术要点有哪些？

甘肃省兰州市附近的皋兰、永登等县 4～8 月份西瓜生育期日照 1 200 小时，≥10℃有效积温 2 400℃，地面蒸发量大，而降水量仅 200～300 毫米，因此抗旱保墒就成为籽瓜生产的重要技术环节。抗旱栽培主要是利用沙田栽培。

（1）选地、铺沙 以高燥、土层深厚、肥力中等的水平地块为宜，土壤含盐量要在 0.3%以下，土壤 pH 值在 4.5～7 之间，前作以牧草、麦类、豆类为宜，实行 3～5 年轮作，连作时枯萎病发生严重。沙田栽培于冬前进行压沙。在深耕施基肥后复耕耙耱，平整压实土地，初冬土层开始冻结，用石磙压实地面，拉运崖或河床沙砾铺压地面，小石砾：细沙＝4：6，铺压的厚度，一般旱沙地沙厚 8～12 厘米，可使用 10～15 年。春、秋两季在窄行施肥。沙田栽培是一种特殊的半免耕覆盖栽培。不同沙龄和土质的沙田的增温保墒功效差异较大。选沙田时既要考虑到铺沙的年限、土质，又要考虑到茬口，最好选择大白土质底 3～5 年的新沙田，前茬小麦；其次是 6～8 年中龄沙田，前茬为甜瓜。

（2）选种和精选种子 选用皋兰、六合地方品种优系和新育成的品种，并采用选留单瓜而获得的种子，以提高品种种性，淘汰劣种。播种时粒选饱满的种子。晒种可以提高种子活力。播种前对种子进行处理可以防止病、虫危害和提高种子发芽能力。用种子重量0.6%的25%多菌灵可湿性粉剂拌种,可预防枯萎病,用辛硫磷拌种,药、水、种比例为1∶40∶500,拌匀闷放1昼夜,可防止金龟子、种蝇发生。

(3)适时播种 沙田栽培区4月中下旬(谷雨前后)气温基本稳定在10℃和沙田5厘米地温稳定在15℃时为适宜的播种季节。但应根据当年的具体情况而定,墒情差,地温较高时应适当早播,播种宜深,覆土厚1.5厘米;反之则适当晚播,覆土宜浅,把种子埋严即可。内蒙古自治区、甘肃省河西走廊、新疆维吾尔自治区5月上中旬播种。播种密度,一般每667平方米1 500～1 600穴,每穴2～3粒种子,播种量每667平方米1千克,同时根据地力调整种植密度,地肥宜稀,每667平方米1 300穴;而地瘠宜密,每667平方米1 800穴为宜。播种技术,按上年施肥的窄行0.5米,未施肥的1米为宽行,划出行线,再以株距0.67米划横线,在窄行外侧三角形播种。具体的播种方法是在播种穴处先用瓜铲刮开沙层,呈马蹄形沙窝,露出15厘米见方土面,翻松穴内土壤再将土拍实,开1条长10厘米、宽1.5厘米、深2厘米的播种沟,每穴播种2粒,覆盖湿润细土,再覆盖蚕豆粒大的粗沙2厘米厚,四周以粗沙挤紧沙窝,以利于增温保湿。种植行上加盖地膜,增产显著。

(4)加强前期管理、抓全苗 旱地直播因墒情差等原因,出苗不齐,常造成严重缺苗影响产量,可进行冬灌增墒,提高出苗率,发现缺苗应及时进行补播。补播以催芽播种为好。在出苗过程中如发现"戴帽"、压苗等现象应及时处理,保证幼苗子叶完整,苗期用沙耧顺着行间抄松沙层,以提高沙田土温,增加保墒能力,2～3片叶时应及早定苗,每穴选留1株。

(5)追肥 沙田栽培以基肥为主,在5叶期,每667平方米可施尿素15千克、油渣30千克,混合施入,一般不灌溉。雌花出现前隔数节以片石压蔓防风。籽瓜生长势弱,不整枝也能正常结瓜。

(6)采收 籽瓜开花至成熟需50多天，过早采收秕籽多，种子饱满度差；过迟则在种瓜内发芽。因此，必须分批采收成熟果实。如茬口紧要安排后作，则可在采收后堆放后熟7～10天。沙田栽培一般每667平方米产籽60千克，丰产者可达100千克。

9. 北方灌区籽瓜精细栽培技术要点有哪些？

(1)高畦覆盖地膜 在甘肃省河西走廊、新疆灌溉区采用精细栽培。整地施基肥，在前茬作物收获后，及时深翻晒土，注意保墒。一般每667平方米施入农家肥2 500千克、三元复合肥25千克左右。由水沟向畦面方向翻土做畦，水沟深、宽各为30厘米，畦面宽120厘米，呈弧形隆起，畦做好后便可以引水入沟进行灌溉，当沟内水面距畦面6～7厘米时停止浇水。经晾晒5～7天后，地表稍干可着手整理畦面和水沟。

地膜覆盖可增温、保墒、降低土壤盐分、防治杂草、促进生根、加速植株发育、提高产量，覆膜方式分全铺和半铺2种。覆盖方法可采用先播种后覆膜，出苗时及时放苗；或先覆膜增温，播种时开5厘米见方小孔播种，其后用细土将膜孔封严。

(2)增加种植密度 采用宽畦栽培，幅宽1.8米，株距25～30厘米，每667平方米栽2 000～3 000株，以每667平方米栽3 000株为宜，以密植多瓜来提高种子产量。由于种植密度高，每667平方米用种量提高至2千克。

(3)多次浇水 饱浇"冬水"、轻浇"安种水"。苗期为培育壮苗，不宜早浇，引导根系向深层伸长，至团棵期浇"促藤水"；花期适当控水，以免旺长，促使坐瓜；当瓜坐稳后应浇足"膨瓜水"，种瓜采摘前10日停止浇水。

(4)追肥 灌区栽培重视使用追肥，一般分2次进行，第一次于幼苗团棵时(5叶期)进行，结合中耕除草，每667平方米施尿素8～10千克，或用油饼、腐熟人粪尿等代替；第二次当幼瓜鸡蛋大小时，结合浇膨瓜水进行施肥，这次施肥主要是防止植株早衰，促瓜快长。

10. 籽瓜在取籽、晾晒时应注意什么？

黑瓜籽取籽方法：瓜切开后，将瓜瓤与籽掏出放入陶瓷缸、盆中，自然浸泡1昼夜，待稍稍发酵，籽、瓤分离时捞出，淋去瓜汁，放芦席上晾晒，忌阳光暴晒。为了提高工效可将整瓜用机械打碎，倒入用塑料布铺好的坑内发酵1～2天，过筛网，冲洗干净，及时晾晒，在晾晒过程中切忌堆放或淋雨，以防种子麻、裂，影响商品外观。种子淘洗时宜用瓜汁清洗种子，以保证种皮光泽度，提高种子外观质量。红瓜籽在取籽和晾晒过程中切忌与铁器接触，以免影响色泽。

十二、西瓜的采收、贮藏与加工

1. 如何鉴定西瓜的成熟度?

(1)根据雌花开放后的天数确定西瓜的成熟度 西瓜的每一品种在一定温度条件下,从雌花开放至果实成熟的天数基本上是固定的,因此开花坐瓜期在瓜田每隔 3 天插上不同颜色的标志棒,表明开花日期,然后推算每批(各种不同颜色标志棒)果实的发育天数,再决定采收期,这是确定成熟度比较科学和可靠的方法,而且简便易行。一般早熟品种雌花开放至成熟需 25～30 天,中熟品种雌花开放至成熟需 31～35 天,而晚熟品种雌花开放至成熟需 36 天以上。但应注意,由于坐瓜期气温不同,开花至成熟的天数是有差别的。

(2)根据西瓜的外观特征确定其成熟度 不同品种果实成熟时都会显示该品种固有的特征,果实表面色泽由暗变亮,皮色老化,瓜面的花纹清晰,以手触摸手感光滑,着地面底色呈深黄色,瓜脐向内凹陷,瓜蒂处略有收缩,以上均为熟瓜的形态特征,反之则为生瓜。

(3)根据积温来确定西瓜的成熟度 这是一种更为客观和精确的方法。据测定,一般特早熟的小果型品种开花至成熟的积温为 700℃ 左右,早熟品种为 800℃ 左右,中熟品种为 900℃～1 000℃。用积温作为采收的依据应每天测量记录平均温度,或计算开花至成熟的天数及果实生长期间的平均温度,如果某品种果实成熟需要的≥10℃有效积温为 800℃,结瓜期的日平均气温为 25℃,则雌花开花后需 32 天成熟。

(4)根据果实的声音确定其成熟度 以手拍打果实,发出“嘭、嘭”浊音的为熟瓜，发出清脆音的则为生瓜。

(5)根据果实的比重确定其成熟度 生瓜的比重大，放在水中下沉，过熟的瓜则上浮，而适度成熟的瓜为半浮于水面。采收时难以逐个测定其比重，一般凭经验来判断。

(6)根据果柄及卷须形态确定成熟度 瓜柄上茸毛稀疏、脱落为果实成熟的表现，果实同一节上的卷须 1/2 以上枯焦的为熟瓜。

由于果实成熟的生理比较复杂，仅仅凭其某一特征来判断适宜成熟度，不一定可靠，必须根据以上特征综合判断，实现适时采收。

2. 西瓜采收时应注意哪些问题?

(1)适时采收 适时采收就是根据不同品种的果实成熟特点、不同的栽培管理条件和不同的市场需求，按照保证商品西瓜的品质、满足不同运销需要的原则，确定适宜采收期。一般早熟品种、需要长途运输的商品瓜可在完全成熟前适当提早采收，但西瓜的成熟度应该达到八成熟，以免造成生瓜上市，影响西瓜的品质。

(2)分批采收 由于一块田里的西瓜果实发育不可能完全同步，为了保证西瓜的品质和成熟度一致，根据坐瓜时间的标记和果实的发育成熟进度分批采收。

(3)细心采收 西瓜的采收应根据销售和贮运的需要，除了考虑采收的果实成熟度应尽量一致，还需精心操作，避免人为的果实损伤。同时，为了延长优质西瓜的货架保鲜期，提高优质西瓜的货架鲜活形象，增进消费者的购买欲望，最好在摘瓜时能够留一段带 1～2 片叶的瓜蔓(需根据不同品种和植株叶片情况考虑，如留有二茬瓜的地块就不能这样采收)。

西瓜一般应选择晴天早上采收，避免在中午烈日下进行。对于容易裂瓜的品种，应在下午 4 时以后开始采收，可以减轻裂瓜的发生。雨后不宜采收，因瓜面溅上泥浆后，在贮运过程中容易发生炭疽病，影响贮运销售。采前1周应停止浇水，以提高西瓜果实的品质。

3. 西瓜贮藏前需要做哪些准备工作?

(1)预冷 是指运输或入库前，使西瓜温度尽快冷却到所规定的温度范围，才能较好地保持原有的品质。西瓜采后距离冷却的时间越长，品质下降愈明显。预冷最简单的方法是将西瓜暂放在田间，利用夜间较低的气温预冷1夜，在清晨气温回升前装车或入库。有条件的地方可采用机械风冷法预冷。

(2)消毒 贮藏前还必须做消毒处理。对于贮藏场所及西瓜表面的消毒，可选用6%的硫酸铜溶液，或1：2：200波尔多液，或1 000毫克/升甲基托布津溶液，或15%～20%食盐水，或0.5%～1%漂白粉液，或1 000毫克/升多菌灵加500毫克/升橘腐净混合液，或250毫克/升抑霉唑溶液，或0.1毫克/升克霉灵，或40毫克/升仲丁胺液浸果剂。

库房消毒可用喷雾器均匀喷洒，对其包装箱、筐、用具、贮藏架等也要进行消毒。西瓜可采用浸渍法消毒，消毒后沥干水分。放到阴凉处晾干，最好与预冷结合起来一起进行。

4. 常温条件下怎样贮藏西瓜?

(1)库房贮藏 可利用阴凉通风的普通房间和仓库，也可利用地下室或地下洞穴，但需要有通风装置。入库前库房和用具需全部进行消毒。

(2)环境条件的控制 常温下贮藏主要依靠通风降温，白天气温高时应关闭门窗，夜间气温低时打开门窗，进行通风降温。一般使温度保持在15℃～20℃，空气相对湿度在70%～80%较为适宜。

(3)选择耐贮品种 瓜皮坚硬，瓜瓤致密，不易倒瓤的西瓜品种比较耐贮,无籽西瓜品种一般比较耐贮。

(4)药剂处理 果实采后应及时进行药剂处理,减少因病害引起的腐烂。发现病瓜、烂瓜、表皮受伤瓜要及时剔除。

(5)贮藏时分层堆放 最好做成间隔70～100厘米的板架,每层可摆放3～4个西瓜,两层之间留出通风空间。也可就地堆放,先在地面铺一层干麦秸,然后摆放3～4层西瓜为宜。

5. 西瓜有哪些贮藏方式?

(1)冷藏保鲜 西瓜冷藏保鲜可采用冷库和空调屋进行,由于西瓜瓜皮表面有保护组织和蜡质层,能有效防止果实内水分损失,在通风良好的低温下贮藏,果实失水量不超过5%,可很好地保持西瓜的商品性。

西瓜冷藏保鲜的最佳环境条件是:温度15℃、空气相对湿度75%～85%、氧气含量3%～5%、二氧化碳含量0.5%～2%、空气负离子浓度10^4个/立方厘米、臭氧浓度10～30微升/升。

(2)气调保鲜 气调贮藏是将西瓜贮藏在经过人为改变空气成分后的气体环境中,达到抑制果实的有氧呼吸代谢,保持西瓜的新鲜程度,延长贮藏期的效果。空气成分的调节主要是通过降低空气中氧的含量,增加二氧化碳的含量,来抑制西瓜果实的呼吸代谢强度。气调贮藏是在普通冷藏的基础上进一步提高贮藏质量、延长贮藏期的措施。

目前,我国果品采用的气调贮藏,多数是利用塑料薄膜或硅橡胶帐(袋)对果品进行密封后冷藏的简易气调贮藏方式进行。由于塑料薄膜或硅橡胶帐(袋)对透过膜帐(袋)进出的气体具有一定的选择性,在贮藏小环境内形成低氧、高二氧化碳的有利于保鲜和延长贮藏期的气体环境。

(3)货架保鲜 商品西瓜摆放在商场的货架上后,也需要进行保鲜。作为货架保鲜的方法主要有以下几种:①将通过冷链传输的新鲜西瓜继续放置在具有冷藏底架的货架上，使西瓜能够持续保持比较低的温度，延长西瓜的货架寿命。②通过给西瓜覆盖保鲜膜的方法，继续抑制西瓜的呼吸强度，使西瓜保持新鲜的外观和良好的品质。③在不影响顾客舒适的条件下，尽量保持货场的清洁、冷凉和一定的空气湿度。温度最好控制在25℃以下，空气相对湿度保持在80%左右。

6. 如何延长西瓜保鲜时间？

(1)适期采收 一般晚熟西瓜开花40天左右，果实附近几节卷须枯萎，瓜柄茸毛脱落，瓜皮光滑发亮，用手指弹瓜发出浊音，则瓜已十分成熟，宜于即食。用于贮藏的西瓜应适当提前，宜在八成熟时采收。

(2)避免机械损伤 贮藏用的西瓜既要避免表皮损伤，也要防止挤、压、碰和强烈震动，最好是在产地就地贮藏，避免过多搬动和长途运输。

(3)贮藏前防腐 采下待贮的西瓜可用克霉灵等药剂熏蒸，能防止贮藏期发生病害。方法是将克霉灵药液按每千克含0.1～0.2毫升的用量吸附在棉球或吸水纸上，分散放置于瓜的四周，再用塑料薄膜密闭熏蒸24小时。

(4)注意贮藏温度 在不产生异味的前提下，贮藏温度愈低瓜瓤风味愈好。但低温易出现冷害，影响瓜的外观，会降低售价。因此，短期贮藏可采用较低的贮藏温度，贮期在20天以上时，贮藏温度可小幅调高。

7. 西瓜加工利用的前景有哪些？

(1)从西瓜中提取番茄红素和瓜氨酸 番茄红素和瓜氨酸对人体具有抗氧化、抗辐射、抗癌等多种保健治疗作用，已日益受到食品、营养和医药行业的重视，成为研究的热点。而西瓜中含有丰富的番茄红素和瓜氨酸，并且鲜食即可被人体直接吸收而产生保健作用。因此，高番茄红素和高瓜氨酸含量的西瓜作为鲜食西瓜，其市场需求是十分巨大的。如果通过品种选择和适当的栽培措施来提高西瓜果实中的番茄红素和瓜氨酸含量，就可以大大提高西瓜的保健作用和药用价值，从而使西瓜由一般水果上升为具有明显保健功能的功能性食品，将极大地刺激人们对西瓜的消费。而高瓜氨酸和高番茄红素的西瓜，由于功能性成分的增加，作为提取番茄红素和瓜氨酸的原料，可以降低提取成本，提高企业的效益和竞争力，其市场潜力也是不可估量的。

(2)利用西瓜汁合成细菌纤维素 细菌纤维素不仅具有合成速度快、产率高等特点，而且具有许多植物纤维素无法比拟的优良性能，如高纯度、高强度、超细性、强持水能力和透水透气性等，在医疗、食品、造纸、声音振动膜等领域有着广阔的应用前景。因此，研究和开发出高附加值的细菌纤维素产品将会产生巨大的经济效益和社会效益。有些地区夏季市场上的西瓜供应丰富，价格低廉，有时甚至大批量的坏掉，若能利用其合成细菌纤维素，将会产生巨大的经济效益。目前，已经有研究人员利用市售西瓜榨汁作为种子及发酵培养基来合成细菌纤维素，取得了满意的结果。

十三、西瓜的间作与套种

1. 西瓜间作、套种的原则有哪些？

为保证西瓜和间作、套种作物两者都能丰产丰收，减少相互间的矛盾，在生产中应注意掌握以下原则。

第一，西瓜生产区进行间作、套种，应首先明确以西瓜为主要作物收入，其他间、套作物为辅助收入，要在保证西瓜优质丰产的前提下，尽量抓好其他间、套作物的栽培管理，如主次不分影响西瓜的产量和品质，就会降低间作、套种的整体效益。

第二，西瓜间作、套种的田间管理应协调好主、次作物的生长特性，尽量错开间、套作物各自的生长高峰，减少间、套作物共生期的矛盾。可通过选择生长期相互适应的品种或栽培措施调整等方法解决矛盾。

第三，西瓜植株在地面匍匐生长，适合与高秆或直立作物进行间、套种植，组成复合群体提高光能利用率。但需要注意西瓜为喜光作物，间、套作的高秆作物密度应合理，以免遮阳。

第四，在西瓜间、套前应注意了解西瓜与间、套种作物的病、虫害发生情况，避免共生病、虫害的危害，采取有效的防治措施。

2. 西瓜的间作、套种有哪些方式？

(1)瓜前套种越冬、早春作物类型 利用西瓜幼苗前期生长缓慢的特性，把瓜苗定植在麦类、油菜预留行间，把生长缓慢的苗期配置在共生期内，与套种作物的共生期30天左右。

(2)瓜后套种夏秋作物类型 西瓜坐瓜后，生长势减弱，西瓜蔓、叶基本停止生长，在畦面点播套种晚玉米、毛豆，共生期20多天，待西瓜采收后及时清除瓜蔓，培育玉米、豆类。这种形式在华北地区得到广泛应用。

(3)同期套种生育期长的作物类型 瓜棉套种为其主要代表形式。棉花的播种期基本上与西瓜的直播或定植同期进行或稍晚播种。主要利用两作物的生育期相差悬殊而进行合理套种。西瓜宜采用早熟品种和早熟栽培措施，棉花则选用晚熟品种，或适当晚播，错过生育高峰期。西瓜与花生、春玉米、甘蔗等套种属于同一类型。

(4)瓜田多套种类型 是以西瓜生产为主线，在西瓜生长的前期和后期，在一块瓜田内前后共进行 4 种以上作物的套种方式，利用剩余的土地和空间，从事其他作物的生产。有一年 4 种 4 收、5 种 5 收、6 种 6 收等。主要在菜区应用。

(5)与幼龄果树间作西瓜类型 西瓜的全生育期在幼龄果树行内间作生长，由于幼龄果树树冠小、株行距大，不会遮阴行间的西瓜，因此无论是北方还是南方的幼龄果园，采用间作西瓜后，普遍获得了以短养长、以瓜促果的成功经验。

3. 麦－瓜－花生如何间、套作？

华北地区粮、瓜、油 3 种 3 收的成功模式。

(1)田间布局 以 2 米行宽为一带，按东西向播种 6 行小麦。行距 23 厘米，播幅 1.15 米。预留瓜行 85 厘米，种 1 行西瓜，株距 50～60 厘米，在 6 行小麦间及其南边行的外侧约 12 厘米处点播 6 行花生，宽穴距 30 厘米，窄穴距 15 厘米，宽穴距应对准西瓜爬蔓的方向。

(2)播种期安排 豫东地区小麦在前一年的 10 月 5～15 日播种；西瓜于翌年 4 月上中旬播种；花生则于翌年 5 月中下旬套种于麦行间。

(3)管理措施 增加施肥量，一般需增施 20%～30%；合理用水,西瓜用水应分别和小麦灌浆、花生结荚结合在一起;西瓜地膜覆盖,育苗移栽,促进早熟,缩短共生期;适时采收、及时灭茬,套作小麦要优先收,西瓜不留二茬瓜。

4. 麦-瓜-稻如何间、套作?

南方地区的麦、瓜、稻 1 年 3 熟耕作制,在水稻产区较好地解决了保证粮食生产与发展西瓜商品生产争地的矛盾,既可收获两季粮食,又增加了经济收入,受到当地农民的欢迎。麦、瓜、稻套作的技术要点如下。

第一,冬季麦播前做宽 4~4.5 米的高畦,在畦的两侧各留0.8 米宽的预留行(瓜畦),畦的中部播种 2.4~2.8 米宽行的大麦或小麦。这样,麦类作物的土地利用率约为 60%,也可预留保证西瓜生长的空间,避免麦、瓜共生期间影响光照和瓜蔓的生长。

第二,套作的麦类应尽量选择早熟品种,并适当提早播种以减少麦、瓜共生期间的矛盾。

第三,麦类作物在管理上要促冬发,争取冬前有 2~3 个分蘖,后期要控制肥、水防止麦类作物贪青倒伏,力争提早收获,以便有较多的土地和时间供西瓜生长。

第四,麦、瓜套作的畦应取东西向,以加强前期麦类作物对西瓜苗的防寒保温效应,减少后期的遮光影响,有利于西瓜生长。

第五,西瓜的栽培品种也需选择早中熟品种,采用培育大苗移栽、地膜覆盖栽培等措施,促使西瓜早熟,争取在 7 月中下旬采收,保证 7 月底以前能种上晚稻,不误农时,力争晚稻丰收。

5. 北方西瓜和玉米如何套种?

北方地区西瓜与秋玉米、秋甘薯套种是一种主要的套种模式。一般在西瓜采收前 3 周左右在西瓜田畦面点播玉米或移植甘薯,套作的玉米、甘薯在西瓜蔓覆盖下出苗、生长,待西瓜采收完立刻拉秧，加强对套种作物的肥、水管理，促其迅速生长获得丰收。套作栽培的技术要点如下。

第一，注意安排好玉米、甘薯的适宜播种期，避免播种过早影响西瓜后期生长，播种过晚降低玉米或甘薯产量。一般播种期选在当地西瓜幼瓜已经坐住，距果实成熟 20 天左右较好，这样玉米出苗生长到高 30 厘米左右时，西瓜成熟采收后即可去除瓜蔓，对西瓜果实的发育和玉米的生长均影响较小。

第二，为缩短西瓜与玉米的共生期，西瓜应选择开花至成熟在 30 天内的早熟品种。

第三，西瓜采收后要抓紧清理瓜蔓，及时中耕除草，追施速效肥，促进玉米的生长。

第四，选择合理的套作密度。一般西瓜的行距为 1.8 米，株距为 60 厘米；玉米为每 667 平方米栽 4 000 株，在西瓜行间距西瓜根部 30 厘米和 50 厘米处各播 1 行玉米，玉米的行距为 20 厘米，株距为 30 厘米。在瓜畦中部保留 80 厘米的畦面，这样瓜蔓拔除后，玉米形成具有边行优势的宽、窄行种植，能有较高产量。

6. 西瓜如何与花生、棉花间作？

为充分利用西瓜栽培行距较宽和西瓜采后的生长时间，还可间作与西瓜基本同期播种的棉花、花生等经济作物，这时由于两种作物的共生期长，易产生争光、争肥等矛盾，需利用综合措施调节。如尽量选用早熟西瓜品种，应用大苗移栽技术以提早西瓜结瓜和采收的时间，使西瓜和棉花各自的生育旺期能相互错开。在西瓜与棉花、花生的共生前期，由于西瓜发育早、伸蔓快，在田间操作时应尽量小心，以免伤害间作作物的幼苗。瓜蔓生长前期应先在瓜畦上生长，后期伸向间作作物时要避免覆盖间作的作物，影响间作作物正常生长。间作花生最好能起垄播种花生，每垄 2 行，每播 6 行花生留出 130 厘米宽的瓜畦间作 2 行西瓜，这样西瓜的密度约为每667平方米600株，双蔓整枝，单向理蔓，单株留1瓜，能保证丰产。

7. 西瓜如何与蔬菜间、套作？

在西瓜地以西瓜为主，间、套作蔬菜作物，主要是利用西瓜栽培的行距较大，前期可套种生长期短的蔬菜。在南方采用麦－瓜－稻栽培的地区，预留种西瓜的地带在种西瓜之前可种耐寒的菠菜、小油菜等早春蔬菜。在不影响西瓜种植的前提下能多收获一茬蔬菜。在华北地区可将西瓜和茄子、甜椒等间、套作，西瓜与茄子、甜椒一起在3月中旬播种育苗，西瓜4月中旬定植大田，待5月下旬至6月上旬西瓜开花坐瓜后，在坐瓜畦内套种两行茄子或甜椒，6月下旬至7月上旬第一茬西瓜采收后，开始采收甜椒或茄子，当7月中下旬西瓜采收结束后拉秧，茄子、甜椒进入旺采期，主作和间作都能取得较好的效益。

西瓜与蔬菜间、套作时应注意以下几个问题。

第一，明确以西瓜为主作，避免间、套作物对西瓜的不利影响。

第二，套种作物在两茬之间应留出一定休闲期，起到改善土壤和控制病、虫害的作用。

第三，对西瓜与间、套作的蔬菜存在的争光、争肥、争水等共生矛盾，要注意选择适宜的种类和品种在株形高低、根系深浅等方面合理搭配，同时加强栽培管理措施进行调节与缓解。

第四，在作物种类选择上应注意避免西瓜与间作蔬菜之间的共生病、虫害，如茄果类蔬菜与西瓜有一些共同病害。

8. 如何在幼龄果园里种植西瓜？

西瓜适宜在幼龄果园内间作，不仅能充分利用幼龄果园前期闲置的土地和光、温资源，而且也能使果园尽快获得经济效益，与果树多年生远期收益起到长短结合的作用，西瓜间作的肥、水等田间管理，也有益于幼树的生长。在幼龄果园间作西瓜需注意以下几点。

第一，果园行间合理做畦。目前的新栽果园定植密度一般为3米×3米至4米×4米，做畦时应在距树1米处挖深、宽各50厘米的瓜沟，施足基肥，浇透底水，视行宽情况可种1～2行西瓜。

第二，合理引蔓整枝。西瓜伸蔓后应特别注意及时整枝引蔓，勿使瓜蔓缠绕幼树，影响幼树生长，一般不要在栽植幼树的畦面留果坐瓜，以便于幼树的管理作业。

第三，合理用药，禁用剧毒农药。尽量采用综合防治措施控制病、虫害，坐瓜后严禁用剧毒农药。

9. 南方西瓜与甘蔗如何套种？

在广东、广西等地区多利用甘蔗生长需要高温，前期生长慢，植株直立等特性与匍匐生长的西瓜进行套种，取得瓜、蔗双丰收的效果。套种方式主要为水旱田间套种和旱坡地套种两种，前者为在2米宽龟背畦中央2月下旬种1行西瓜大苗，3月中旬在瓜行两边距瓜苗50厘米处开沟种甘蔗芽苗；后者为在4米宽平畦内种4行甘蔗和2行西瓜。由于西瓜和甘蔗套种共生期较长，西瓜和甘蔗又均属生长快，吸收营养能力强的作物，在管理上需注意以下几点。

第一，西瓜应提早育大苗，最好比甘蔗提早1个月定植，错开西瓜和甘蔗的生长高峰期，同时缩短西瓜生育期，减轻后期西瓜对甘蔗生长的影响。

第二，由于西瓜和甘蔗的根系吸收能力均较强，基肥应分别单施，以满足两种作物各自的需要。西瓜每667平方米应施优质圈肥1 000～1 500千克、过磷酸钙30～50千克；甘蔗每667平方米施厩肥2 000千克、过磷酸钙50千克。

第三，西瓜种植密度不宜过大，以每667平方米300～350株为宜，可采用双蔓或三蔓整枝，避免枝蔓过密影响甘蔗苗的光照条件。

第四，西瓜与甘蔗套种，受甘蔗的影响坐瓜率会有所下降，为保证丰产应在花期应进行人工辅助授粉，以提高坐瓜率。

第五，西瓜采收后要及时清除瓜蔓，可就地掩埋作为绿肥，为甘蔗生长提供良好的条件。甘蔗管理要及时施基肥、培土，争取甘蔗的丰产增收。

10. 西瓜间作、套种应注意哪些栽培技术问题？

(1)合理安排茬口 西瓜间作、套种形式多种多样，但由于各地生态条件、生产条件、种植习惯和技术水平不同，应因地制宜地选择茬口，同时要统筹兼顾，合理安排前、后茬的品种。如西瓜早熟栽培应以耐低温弱光易结瓜的早中熟品种为宜，前茬则以生育期较短、耐肥、抗倒伏的作物品种为宜。

(2)合理安排播期 采用提前播种或推迟播种、育苗移栽等措施，尽量利用西瓜和套种作物的时间差，以缩短共生期。

(3)合理配置种植方式 充分利用空间，如麦行套种西瓜，从光照条件考虑，以东西向为宜，预留瓜行以 50 厘米以上为宜。

(4)选择合理的主、副作密度 确定种植密度的主要依据是西瓜与间、套作物对光照的要求，不可过密。鉴定合理密植的标准是：生长盛期株间叶片相互靠拢，又不重叠拥挤。若株、行间空当太大，则稀了；互相拥挤郁闭，则密了。

(5)合理施肥，调节生长 套种西瓜一般比单种西瓜施肥多，特别要注意增施有机肥。西瓜和小麦套种一般按各自的要求在播种、定植时施肥，在小麦生长中、后期，适当控制追肥，防止倒伏，以免影响西瓜生长。

(6)合理利用设施 应用拱棚、地膜覆盖、遮阳网等保护地栽培技术，以提高作物产量和效益。

(7)科学使用农药 在病、虫、草害的防治上要兼顾不同作物。

特别是西瓜对多种农药敏感，易产生药害，甚至死亡，因此要尽量选用生物农药、仿生农药和高效低毒农药。

11. 如何实现大棚西瓜4种4收高效栽培模式？

近几年大棚栽培西瓜的面积迅速扩大，但其种植模式多采用1年种植1茬西瓜1茬蔬菜或春玉米（花生）模式，大棚的经济效益没有得到充分发挥。为此，山东有些地区探索出了一种1年种植2茬西瓜、2茬蔬菜4作4收的种植模式，每667平方米年产西瓜7500千克、蔬菜5000～5500千克，年产值15000元左右，扣除当年投入及大棚折旧，年纯收入1万余元，大大提高了大棚的利用率和经济效益。

(1)种植模式技术要点

①大棚建设　大棚应建于土壤肥力较高、有水浇条件的高产地块，采用水泥柱、竹竿结构，跨度为9米，南北向，高2.5米，长度因地块而定。覆盖蓝色无滴膜，冬季加盖草苫保温。

②茬口安排　第一茬西瓜：品种可选用中科1号、京欣1号等早熟优质品种，用超丰 F_1 作砧木。1月15～20日温室育苗，西瓜苗长到2叶1心时与葫芦嫁接，提高植株抗病能力和耐低温性能，嫁接方法采用靠接法。当西瓜长到4～5片真叶时进行低温锻炼，准备定植。前作收获后，深耕25厘米，结合深耕每667平方米施腐熟有机肥3000千克、过磷酸钙25千克、磷酸二氢钾20千克。在3月上旬西瓜长到5～6片真叶时，按大行距2.4米、小行距0.6米、株距0.4米开沟定植，每667平方米定植1000～1100株，然后覆盖地膜，上扣2层小拱棚。5月1日前后开始收获，每667平方米产量约3500千克。

蔬菜：在第一茬西瓜的大行间作菜豆、辣椒等蔬菜。菜豆的株距应适当大一些，一般为1.5米左右，以防止因遮光而影响西瓜的产量。本茬蔬菜每667平方米的产量一般为500千克以上。

秋茬西瓜：品种仍可选用中科1号、京欣1号等品种，采取嫁接栽培方式，以超丰 F_1 为砧木。6月下旬育苗，7月下旬至8月上旬按大行距2.4米、小行距0.6米、株距0.4米定植，每667平方米定植1 000～1 100株。9月下旬开始收获，每667平方米产量4 000千克左右。

蒜苗：10月下旬，前茬西瓜收获结束后结合深耕，每667平方米施腐熟有机肥1 000千克、过磷酸钙25千克、硫酸钾20千克。栽种前用50%多菌灵可湿性粉剂400克对水5升拌种，每667平方米用种250～300千克。栽种时株、行距各5厘米，栽植深度3厘米。1月份蒜苗长出4～8片叶，株高25～40厘米时，即可根据市场行情，分批采收上市，收获结束后，深耕施肥，为下轮种植做好准备。

(2)应注意的问题 ①西瓜和葫芦种子在育苗前要用50%多菌灵可湿性粉剂500～600倍液浸种1小时消毒处理，而后用温水浸种。②西瓜种子的播种时间应在葫芦出土时进行，一般比葫芦晚播5天左右。③西瓜嫁接应在葫芦第一片真叶展平，接穗子叶展平时进行。嫁接后3～4天内要密闭苗床，使床温达到28℃以上，棚内空气相对湿度达到95%～100%，白天避免强光直射苗床。④大棚要在第一茬西瓜定植前15天扣棚膜，并高温闷棚，以达到杀菌灭虫的目的。定植时棚内土壤10厘米地温稳定到15℃以上，嫁接口在封埯时一定要留在地面上，以防发生不定根。⑤注意病、虫害的防治。西瓜和葫芦出苗后喷施64%普力克水剂400～600倍液防止猝倒病发生。嫁接前1天将接穗和葫芦苗喷1遍75%百菌清可湿性粉剂800倍液，嫁接后第五天喷洒72%农用链霉素可溶性粉剂4 000倍液，防止烂苗，以后每隔1周喷洒1次杀菌剂。定植后根据病、虫发生情况及时防治。⑥棚内西瓜必须进行人工或蜜蜂辅助授粉，以提高坐瓜率。

十四、西瓜主要病、虫、草害识别与防治

1. 如何识别与防治西瓜枯萎病?

西瓜枯萎病又叫蔓割病、萎蔫病、死秧病,是世界性病害,也是危害瓜类作物的主要病害之一。在西瓜的整个生育期中均可感染此病,以结瓜初期为发病盛期,果实进入成熟后,病害发展趋于稳定。

(1)发病症状 西瓜枯萎病从出幼苗至西瓜成熟均可发生,以开花、抽蔓到结瓜期发病最重。幼苗期发病,根部变成黄白色,须根少;子叶枯萎,真叶呈现皱缩,枯萎发黄;茎基部变成淡黄色倒伏枯死。成株发病时,植株生长缓慢,茎基部变软,呈黄绿色水浸状,以后逐渐干枯,表皮粗糙,根茎部纵裂,像刀割一样。发病初期,病株白天萎蔫,早晚恢复,经 4～5 天后枯死。一株中也常有一部分枝蔓萎蔫,另一部分枝蔓仍正常生长,以后逐渐蔓延至全株。也有的主蔓枯萎,而在茎基部长出不定根,生长出新侧枝;也有的同一枝蔓半边发病,半边健全。但在病势急剧时,茎蔓 3～4 天即枯死。空气潮湿时,茎基部呈水浸状腐烂,出现白色至粉红色霉状物。后期病斑上流出黄色至褐色黏稠的树脂状分泌物,纵向撕开病株的根或茎蔓,可见到导管变褐,在变褐的维管束内常可检验出大量菌丝体和小型分生孢子。

(2)发病规律 西瓜枯萎病主要以菌丝体和厚垣孢子等形态在土壤中越冬,成为翌年发病的初侵染源。病菌在土壤中离开寄主能存活 3 年以上。厚垣孢子和菌核能存活 10～15 年。种子、厩肥等也可带菌。影响发病的主要条件为温度和湿度。当气温在 8℃～34℃时均可发病,以 24℃～32℃为侵染适温;病害发生与湿

度关系密切，在久雨骤晴和时雨时晴的条件下发病较多，雨水有利于病原孢子传播。氮肥过量、植株徒长和施新鲜厩肥带菌及根部受伤均有利于发病，土壤 pH 值为 4.5～6 时发病较多。

枯萎病菌潜伏期长短和入侵部位有关。在人工接种情况下，幼苗期一般 5～10 天显现病症，也有长达 1 个月的；成株期一般 10～15 天，有的 1 个月后才显现病症。高温能缩短潜伏期，在恒温箱内接种幼苗，其潜伏期 15℃时 15 天；20℃时 9～10 天，25℃～30℃时 4～6 天。

(3)防治方法 病原孢子的生存期长，目前尚无理想的防治药剂，各国采取了不同的防治措施。如日本采用以嫁接换根为主的方法，我国则贯彻以加强栽培管理方法为主，以轮作倒茬、选用抗病耐病品种、合理浇水为中心，药剂防治为辅的综合防治措施，近几年采用嫁接换根防治西瓜枯萎病的栽培面积呈现扩大之势。具体防治措施如下。

①严格轮作制 如采用水旱轮作，间隔期应在 3 年以上，采用旱地轮作，间隔期应在 7 年以上。

②选用抗病品种 选用抗病品种是防治西瓜枯萎病的有效措施。西瓜栽培品种中，一般四倍体西瓜比二倍体西瓜抗病性强。目前，较抗西瓜枯萎病的品种有：郑抗 1 号、特大郑抗 2 号、特大郑抗 3 号、郑抗 4 号、西农 8 号等。

③进行种子处理 应选用无病地块或无病植株上的瓜留种。带菌种子可用 55℃温汤浸种 30 分钟，也可用 40%甲醛 100 倍液浸种 30 分钟，或用 50%多菌灵可湿性粉剂 500 倍液浸种 60 分钟，或用升汞 1 000 倍液浸种 5～10 分钟。用 40%甲醛或升汞液浸种后，要将种子用清水洗净，然后催芽。

④进行土壤消毒 种植前最好选用无病土壤，整地时应该深翻晒垡。酸性土壤可施用消石灰或喷洒石灰水提高土壤的 pH 值。若土壤带菌，可用 25%苯来特可湿性粉剂 1 份加干细土 100

份混合施于种植穴内，每667平方米用药量1.25千克。

⑤嫁接换根　利用抗病砧木进行嫁接换根，可有效地防止枯萎病的发生。西瓜嫁接常用的砧木有：南瓜、葫芦、野生西瓜等。通过试验和生产实践证明，葫芦砧与西瓜嫁接亲和性较好，嫁接苗成活率高，对西瓜品质影响小；南瓜砧木对西瓜品质的影响较大。嫁接的方法有靠接、劈接、顶插接等。

⑥加强栽培管理　选择地势平坦、排水良好的地块种瓜，在瓜苗生长期中要加强中耕锄草，以促进瓜苗的生长。应避免施用带菌的堆肥或厩肥，更不应施新鲜的有机肥；要注意氮、磷、钾三要素的合理配合，不应偏施氮肥，以利于植株生长健壮，增强抗病能力。特别在将近结瓜期更要控制氮肥施用量，如果此时用氮肥过多，则会引起徒长，容易诱发枯萎病。

⑦药剂防治　在发病初期可用50%苯来特可湿性粉剂或70%甲基托布津可湿性粉剂500～1 000倍药液灌根，每株用药250毫升。用敌克松原粉1份加面粉20份调糊涂于病株茎部，也有一定效果。

⑧交叉保护法　在寄主上接种一个致病力弱的菌株，由于该菌株与致病力强的菌株的拮抗作用，使得致病力强的菌株侵染病体时降低或丧失致病力的一种防病技术。山东农业大学研究，制成的F86-15菌剂，在西瓜播种时用来浸种或穴施，可有效地控制西瓜枯萎病。

2. 如何识别与防治西瓜病毒病？

西瓜病毒病又称花叶病，是一种严重的普遍发生的传染性病害。近年来有进一步发展的趋势。在西瓜坐瓜前发病，可使瓜秧生长停滞，植株不能正常开花结果，造成绝收；坐瓜后发病，可使果实停止发育，使产量和品质显著下降，造成严重损失。

(1)发病症状　侵染葫芦科的病毒有10多种，由于病毒种类不同，所致症状也有差异。西瓜病毒病可分为4种类型，分别是花叶型、蕨叶型、斑驳型和裂脉型，以花叶型和蕨叶型最为常见。花叶型初期在叶片上出现黄绿镶嵌的花纹，以后皱缩畸形，叶形不整，叶面凹凸不平，严重时病蔓瘦弱，节间缩短，花器发育不良，果实畸形。蕨叶型新叶黄化，叶型变小，叶缘反卷，皱缩扭曲，病叶叶肉缺失，仅沿主脉残存，呈蕨叶状。

(2)发病规律 侵染瓜类作物的病毒种类较多，最主要的有黄瓜花叶病毒、西瓜花叶病毒、甜瓜叶脉坏死病毒、南瓜花叶病毒和烟草坏死病毒等，每种病毒寄主范围都很广，所以初侵染源也就复杂。不同类型的病毒其传毒媒介不一样，如黄瓜花叶病毒、西瓜花叶病毒、甜瓜叶脉坏死病毒主要以蚜虫传播；南瓜花叶病毒以种子或甲虫传播；烟草坏死病毒由土壤中的油壶菌传播。另外，黄瓜花叶病毒、西瓜花叶病毒、甜瓜叶脉坏死病毒还可通过汁液摩擦传播，因此在田间生长期，除靠昆虫(蚜虫、甲虫、飞虱、粉虱、蓟马、潜叶蝇、线虫及寄生植物菟丝子等)传播病毒外，田间农事操作如间苗、定苗、整枝、打杈、绑蔓、摘心等都可以传播病毒，使病害扩大蔓延。

病毒在不同温度条件下潜育期不同。日平均气温25℃时，黄瓜花叶病毒潜育期为7天，甜瓜花叶病毒潜育期为7～9天；日平均气温18℃以下，两种病毒潜育期均延长到11天。影响病毒病的发病因素如下：①高温、干旱、强日照有利于蚜虫的繁殖和迁飞时，就有利于病毒的增殖，缩短了潜育期，增加了田间再次侵染的数量，而干旱降低了植物的抗病性，因而发病重。②缺水、缺肥、管理粗放者发病较重。一般播种期早，定植早的发病轻。瓜田杂草丛生或附近种植番茄、辣椒、甘蓝、萝卜、白菜、菠菜、芹菜等蔬菜者，毒源多，发病重。

(3)防治方法

①选用抗病品种 选育和利用耐病、抗病品种，建立无病繁殖

种田，收留无病种子。

②进行种子消毒　用10%磷酸三钠溶液浸种20分钟后，用清水洗净，再播种，可使种子表面携带的病毒失去活性。

③加强栽培管理　西瓜田不要靠近甜瓜和西葫芦田，以减少病毒的来源；适时早播或采用地膜覆盖，或塑料拱棚种植，促使西瓜早熟，达到避蚜、防病、增产的效果；同时，还应增施磷、钾肥，及时进行田间整枝、打杈、摘心、绑蔓等农事操作。田间管理时应将病株与健株分开处理，以免人为传病，田间杂草应铲除干净，防止昆虫传播病毒。

④治蚜防病　蚜虫是多种病毒的携带和传播者，对蚜虫的有效防治，可在很大程度上防止西瓜病毒病的发生。防治蚜虫的具体方法见虫害的防治部分。

3. 如何识别与防治西瓜猝倒病?

西瓜猝倒病是苗期主要病害，在西瓜早春育苗的子叶苗阶段最为常见。

(1)发病症状　幼苗发病初期，茎基部近地面处出现水浸状病斑，而后病斑绕茎一周，变为褐色，病部软化，明显缩缢；子叶尚未枯萎，植株就已倒伏，倒伏后的病株短期内仍为绿色，与健壮植株没有明显的区别。该病在苗床上发展很快，以病苗为中心成片因茎基部腐烂而猝倒。

(2)发病规律　西瓜猝倒病的病菌是一种腐生性很强的菌，能在土壤中长期存活，并以有机质含量高的地块数量较多。病原菌以卵孢子形式随病株残体在土壤中越冬，或在土壤腐殖质中腐生越冬。条件适宜时卵孢子萌发产生游动孢子，或直接长出芽管侵染寄主危害。土壤温度偏低、湿度大时有利于西瓜猝倒病病菌的生长与繁殖，地温10℃～15℃时为繁殖适温，30℃以上时受到抑制。在长时间阴雨、苗床温度低、湿度大、光照不足时易造成猝倒病严重发生。

(3)防治方法

①严格选择无病新土做苗床,减少病原菌数量。

②要选地势高、排水好的地块做苗床,最好用温床育苗,提高瓜苗抗病力,培育壮苗,苗床一旦发现病株要及时拔除,每周喷1次铜铵合剂(硫酸铜2份,硫酸铵15份,熟石灰4份,混匀后密闭24小时,使用时药粉1份加400倍水)。

③大田定植后发病植株用70%敌克松原粉1 000～1 500倍液灌根。

4. 如何识别与防治西瓜立枯病?

立枯病是西瓜幼苗期常发生的病害之一,从刚出土的幼苗至育苗后期的大苗均可发病,但主要发生在育苗中期。

(1)发病症状 西瓜种子萌动后尚未出土前就能被立枯病菌侵染,造成烂种烂芽。出土后的病苗,茎基部先出现椭圆形暗褐色病斑,地上部白天萎蔫,夜间可以恢复正常,待病情不断发展、病斑绕茎一周时,病部凹陷,茎基部干枯收缩,整个幼苗便倒伏死亡,一般称为黑根或烂根。中期以后的幼苗,由于茎部已经木栓化,故茎部虽然生病,但病苗可以直立不倒。立枯病造成的病斑部位比炭疽病的病斑低。小苗的病部可以长出白霉,稍大幼苗病部虽不长白霉,但可见到蜘蛛网状的淡褐色霉层。

(2)发病规律 病菌以菌丝和菌核在土壤中或寄主病残体上越冬,腐生性较强,可在土壤中存活2～3年。混有病残体的未腐熟的堆肥中的菌丝体以及在其他寄主植物或杂草上越冬的菌丝体和菌核也是初侵染源。病菌通过雨水、流水、粘有带菌土壤的农具以及带菌的堆肥传播,从幼苗茎部或根部的伤口侵入,也可穿透寄主表皮侵入。

病菌生长适温为17℃～28℃,在12℃以下或30℃以上时受抑制。高温有利于菌丝的生长发育，故苗床温度较高，幼苗徒长时发病重。土壤湿度偏高、土质黏重以及排水不良的低洼地块发病重。光照不足，光合作用不旺盛，植株抗病力弱，也易发病。

(3)防治方法 西瓜立枯病的防治方法可参照西瓜猝倒病的防治方法进行防治。

5. 如何识别与防治西瓜炭疽病?

炭疽病是瓜类作物的重要病害之一，在我国分布比较广泛，危害也比较严重。近年来，随着保护地面积的不断扩大，北方的温室或塑料大棚内，瓜类炭疽病的发生有上升的趋势。

(1)发病症状 炭疽病在瓜类作物整个生长期内均可发生，但以植株生长后期发生最重，造成茎叶枯死、果实腐烂，收获后在贮运过程中也可发病。西瓜幼苗发病时，子叶上出现圆形褐色病斑，发展到幼茎基部变为黑褐色，且缢缩，甚至倒折，但病斑部位较立枯病高。成株期发病，在叶片上出现水浸状圆形淡黄色斑点，而后变褐色，边缘紫褐色，中间淡褐色，有同心轮纹，病斑扩大相互融合后易引起叶片穿孔干枯。在未成熟的果实上，初期病斑呈水浸状淡绿色圆斑，成熟果实上开始为凸起病斑，后期扩大为褐色凹陷，并环状排列许多小黑点，潮湿时生出粉红色黏物，多呈畸形或变黑腐烂。

(2)发病规律 炭疽病病菌主要附生于寄主残体上在土壤里越冬，种子也可带菌。病原菌分生孢子靠雨水或灌溉水冲溅传染，近地处蔓、叶常先发病。空气湿度是发病的主要条件，空气相对湿度小于50%时不发病，温度在10℃～30℃时均可发病，但湿度越大发病越快，以温度24℃和95%高湿条件下发病最盛，温度高于28℃时，发病减轻。

连作地、浇水多、降雨多、田间排水不良者，过多地施用氮肥、通风不好、植株衰弱者发病均较重。随着西瓜果实的成熟，抗病性逐渐降低,所以在果实的贮藏运输期发病也很重。

(3)防治方法

①选用抗病品种　不同品种抗病性有差异,中国农业科学院郑州果树研究所培育的郑抗8号西瓜对炭疽病有一定的抗性。

②用无病种子或进行种子消毒　要从无病植株、健康瓜内采种。如种子可能带有病菌,应进行种子浸种消毒。即用40%甲醛100倍液浸种30分钟,洗净后播种;或用100万单位硫酸链霉素100～150倍液浸种10分钟,消毒效果很好。

③加强栽培管理　选择排水良好的砂壤土种植,降低地下水位和田间空气湿度;注意合理密植,保持良好的通风透光条件,防止空气湿度过大,避免大水漫灌,尤其是阴天不能浇大水;还要注意增施磷、钾肥,以增强植株抗性。

④采用药剂防治　根据发病规律,采用药剂防治时要在常年发病期前的3～5天用药。幼苗期喷1次药预防,一般用65%代森锌可湿性粉剂或70%甲基托布津可湿性粉剂800倍液喷洒;伸蔓至结瓜前用70%甲基托布津可湿性粉剂800倍液连续喷雾2次;结瓜后用70%甲基托布津可湿性粉剂800倍液,每隔7～10天喷1次。发病重的田块混喷0.3%磷酸二氢钾溶液,效果更好。

6. 如何识别与防治西瓜叶枯病?

西瓜叶枯病又称褐斑病、褐点病,危害多种葫芦科植物。该病多在西瓜生长后期发生,使叶片大量枯死,影响光合作用而造成减产。

(1)发病症状　西瓜的子叶、真叶均可受害。幼苗期子叶受害多发生在叶缘,初为水浸状小点,后扩展成浅褐色、圆形或半圆形的水浸状病斑,在高温条件下,病斑可扩展到整个子叶,引起子叶枯死。真叶上病斑多发生在叶缘或叶脉间,初为水浸状小点,在高温条件下,病斑扩展并迅速融合,使病叶失水青枯。茎蔓上的病斑为椭圆形至菱形，略凹陷，浅褐色。果实上病斑周围略隆起，中间凹陷，圆形，暗褐色，可深入瓜瓤，引起果实腐烂。在各受害部位的表面，均长出黑色霉状物，为病菌的分生孢子梗和分生孢子。

(2)发病规律 西瓜叶枯病以菌丝体和分生孢子随病残体在土壤中和种子上越冬，成为翌年初侵染病源。春季，西瓜出苗感病后，形成大量分生孢子，借风、雨传播，进行田间的扩大侵染。病菌生长的温度范围为3℃～45℃，25℃～35℃较适宜，28℃～32℃为最适宜；分生孢子萌发温度范围为4℃～38℃，以28℃为最适宜。分生孢子在73%以上的空气相对湿度中都可萌发，空气相对湿度在85%时，孢子发芽率可达94%，病菌产生分生孢子要求高湿条件，空气相对湿度增高，产生分生孢子的时间则缩短。

种子带菌率一般在2%左右，是该病远距离传播的媒介。种子内的菌丝体可存活2年以上，在引进新品种种子种植时，应进行种子消毒。

病害发生与降雨、台风有密切关系。春雨、梅雨和台风暴雨的条件，是造成东南沿海各省西瓜叶枯病发生较重的重要原因。

(3)防治方法

①轮作 西瓜与禾本科作物轮作应在1年以上。

②选用无病种子或进行种子消毒 制种时，应选留无病瓜留种。从外地引进的种子，应用40%拌种双可湿性粉剂500倍液或80%402抗菌剂3000倍液浸种消毒，在25℃条件下浸种5小时，杀菌效果可达到94%以上。

③及时清除病株残体，集中深埋或烧毁 秋收后，及时清洁田园，耕翻土地，深埋或烧掉病株残体，减少越冬菌源。

④药剂防治 在发病初期，选用下列农药喷雾防治：40%拌种双、60%百菌通、60%防霉宝可湿性粉剂500倍液、70%代森锰锌可湿性粉剂600倍液、50%速克灵或50%扑海因可湿性粉剂1500倍液喷雾，每隔5～6天喷1次，连喷2～3次。为了防止病菌产生

抗药性，要不同药剂交替使用。

7. 如何识别与防治西瓜疫病？

西瓜疫病又叫疫霉病，全国各地均有发生，南方发病重于北方；在长期多雨年份，西瓜发病尤重。除西瓜外，该病还危害甜瓜、黄瓜、南瓜、西葫芦、冬瓜等其他瓜类作物。

(1)发病症状 幼苗、叶、茎及果实均可受害。苗期发病，子叶先出现水浸状暗绿色病斑，中央部逐渐变成红褐色。幼苗基部受害后，呈现暗绿色水浸状软腐，受害处逐渐缢缩，直至倒伏枯死。成株发病，在茎节部出现暗绿色纺锤形水浸状斑点，病部明显缢缩。天气潮湿时，出现暗褐色腐烂，被害处以上的茎蔓及叶片萎垂。叶片受害时，初为暗绿色水浸状斑点，后扩展为圆形或不规则形的大病斑，边缘不明显，以后中部为青白色；在湿度大时，变软腐，似经水煮状，干燥时呈淡绿色，并易于破碎。病斑发展到叶柄上，叶片萎垂。果实受害时，在瓜面上形成圆形凹陷的暗绿色病斑，并迅速发展到全果，果实皱缩软腐，表面长出灰白色稀疏霉状物。

(2)发病条件 病菌主要以卵孢子在土壤中的病株残余组织内或未腐熟的肥料中越冬，并可长期存活，厚垣孢子在土中也可存活数月。种子也能带菌，这些都是翌年田间发病的初侵染源。卵孢子和厚垣孢子通过雨水、灌溉水传播，形成孢子囊和游动孢子，从气孔或直接穿透侵入西瓜组织引起发病。植株发病后，在病斑上产生孢子囊，借风、雨传播，进行再侵染。果实成熟期，瓜面出现果粉时，病菌难于侵入，但可从未成熟果或害虫危害处或伤口侵入而导致发病。

温暖多湿条件利于发病，最适发病温度为 28℃～30℃，低于15℃发病受抑制。在气温适宜条件下，雨季来得早晚、降雨量和降雨天数的多少，是发病和流行程度的决定因素。田间发病高峰往往紧接在雨量高峰后。中心病株出现后，日降雨量达50毫米以上，或旬降雨量在100毫米以上时，则病势发展快。如10天以上无雨，又不浇水，则病害停止蔓延。地势低洼，排水不良，容易积水和多年连作的地块，以及浇水过多或施用带菌肥料，均加重发病。

(3)防治方法

①轮作　西瓜与禾本科作物需要进行3～4年轮作。

②进行种子消毒　方法同枯萎病。

③合理施肥　有机肥料需经充分腐熟杀死病菌后施用，防止病菌随肥料进入瓜田。无机肥要注意氮、磷、钾三种元素的合理搭配。

④铺草防病　此方法是预防疫病的有效措施之一。以铺麦秸较好，方法是将麦秸铺在地面一层，方向与瓜秧爬蔓方向垂直。麦秸的作用是隔断病菌与瓜蔓的接触，避免了侵染和发病。稻草易受潮腐烂，尽量不用。

⑤控制浇水，注意防涝　瓜地经常保持地面半干半湿状态，一旦发病，立即停止浇水，并拔除病株，病害停止蔓延后再浇水。雨季加强防涝，及时排除田间积水。

⑥拔除病株，消毒病穴　在田间发现中心病株时，立即拔除并用石灰消毒病穴，消灭土中病菌。

⑦药剂防治　发现病株后开始喷药，用25%瑞毒霉可湿性粉剂800～1 000倍液，或40%乙磷铝可湿性粉剂200～250倍液，或75%百菌清或65%代森锌可湿性粉剂500倍液，或64%杀毒矾可湿性粉剂400～500倍液，或58%瑞毒·锰锌可湿性粉剂500倍液，或50%克菌丹可湿性粉剂500倍液，或1%武夷菌素水剂150～200倍液等，每隔5～7天喷1次。雨后或浇水后喷药，效果更好。

8. 如何识别与防治西瓜蔓枯病?

(1)发病症状 叶片受害时，最初出现黑褐色小斑点，以后成为直径1～2厘米的病斑。病斑圆形或不正圆形，黑褐色或有同心轮纹。发生在叶缘上的病斑，一般呈弧形。老病斑上出现小黑点。病叶干枯时病斑呈星状破裂。连续阴雨天气，病斑迅速发展可遍及全叶，使叶片变黑而枯死。蔓受害时，最初产生水浸状病斑，中央变为褐色枯死，以后褐色部分呈星状干裂，内部呈木栓状干腐。

蔓枯病与炭疽病在症状上的主要区别是，蔓枯病病斑上不产生粉红色黏物质，而是生有黑色小点状物；与枯萎病区别是发病慢，全株不枯死且维管束不变色。

(2)发病条件 西瓜蔓枯病以病菌的分生孢子器及子囊壳附着于病部混入土中越冬。翌年温、湿度适合时散出孢子，经风吹、雨溅传播危害。种子表面也可以带菌。病菌主要经伤口侵入西瓜植株内部引起发病。病菌在5℃～35℃的温度范围内均可侵染危害，20℃～30℃为发育适宜温度，在温度55℃条件下，10分钟即可死亡。高温多湿，通风透光不良，施肥不足或植株生长弱时，叶片受害重。

(3)防治方法

①选用无病种子和进行种子消毒 要从远离病株的健康无病植株上采种。对可能带菌的种子，要进行种子消毒。

②加强栽培管理 创造比较干燥、通风良好的环境条件，并注意合理施肥，使西瓜植株生长健壮，提高抗病能力。要选地势较高、排水良好、肥沃的沙质壤土地块种植。防止大水漫灌，雨后要注意排水防涝。及时进行植株调整，使之通风透光良好。施足基肥，增施有机肥料，注意氮、磷、钾肥的配合施用，防止偏施氮肥。发现病株要立即拔掉烧毁，并喷药防治，防止继续蔓延危害。

③药剂防治 已经发生过蔓枯病的西瓜地，要在蔓长30厘米

时开始喷药。初发现病株时，要立即喷药，药剂可用75%百菌清可湿性粉剂600倍液，每隔5～7天喷1次，连喷2～3次；还可用70%甲基托布津可湿性粉剂800～1 000倍液喷洒。

9. 如何识别与防治西瓜白粉病？

(1)发病症状 白粉病多发生在生育中、后期，主要危害叶片，但也危害叶柄和茎，果实一般不受害。发病初期，叶片正面和背面产生白色近圆形小粉斑，以叶片正面最多，以后逐渐向四周扩展，不久变成直径1厘米左右的霉斑。环境适宜时，霉斑迅速扩大连成一片，使全叶布满白粉状物，故称白粉病。白色粉状物是病菌的气生菌丝体及分生孢子。后期白色粉状物逐渐变成灰白色或红褐色，受害叶片逐渐褪色。严重时，叶片枯黄卷缩。后期在叶片边缘出现许多先黄后黑的小点，这就是病原菌的闭囊壳。

(2)发病规律 西瓜白粉病病菌的分生孢子在10℃～30℃范围内均可萌发侵染，最适宜温度为20℃～25℃。分生孢子寿命短，在26℃左右只能存活9小时。该菌对湿度要求范围很宽，尽管湿度大对分生孢子萌发和侵入有利，但空气相对湿度下降至25%的情况下，分生孢子仍能萌发侵入危害。天气干旱时，寄主表皮细胞的膨压降低，则有利于病菌的侵入，往往白粉病的发生更为严重。在多雨潮湿的天气里，寄主叶面有水珠或水膜，病菌的分生孢子会因吸水过多，膨压过高，引起孢子破裂。因此，对萌发侵入反而不利，白粉病的发生也不会太重。

西瓜白粉病的病菌以闭囊壳和子囊孢子随病残体遗留在田间越冬，也可以菌丝体在温室或塑料大棚里的植物活体上越冬。翌年5～6月份，当气温达到20℃～25℃时释放出子囊孢子和越冬后菌丝体形成的分生孢子，借气流传播，落到西瓜植株上萌发侵入，引起初侵染。到了植株生长后期，在病部产生闭囊壳，随残体在田间越冬。

栽培管理粗放，施肥不足，或偏施氮肥，浇水过多，植株徒长，枝叶过密，光照不足，通风透光不良等均有利于白粉病的发生。

(3)防治方法

①轮作倒茬　重病地块实行3～5年的轮作制。

②加强田间管理　种植西瓜应选择土质疏松、肥沃，排水方便，地势平坦的地块。施足基肥，适当增施磷、钾肥，防止脱肥早衰，以增强植株的抗病性。种植不宜过密，及时中耕锄草，提高地温，促使瓜苗旺盛生长。及时整枝、打杈、压蔓，使之通风透光，降低湿度，以减轻病害的发生。

③药剂防治　在生长前期，喷撒2～3次硫磺粉或喷洒50%硫悬浮剂200～400倍液，可有效地预防白粉病的发生。发病初期摘除病叶，然后及时喷药，一般间隔5～7天喷洒1次，连喷3～4次。药剂可选用20%粉锈宁乳剂2 500～3 000倍液，或50%甲基托布津可湿性粉剂1 000倍液，或75%百菌清可湿性粉剂500～800倍液，或农抗120水剂200倍液喷雾，防治效果良好。

10. 如何识别与防治西瓜腐斑病(细菌性瓜腐病)?

(1)发病症状　果实腐斑病又称细菌性果腐病，主要危害西瓜果实、幼苗，叶片也可受害。发病初期在果实表面出现许多水渍状暗绿色小斑点，以后逐渐发展扩大为边缘不规则的深绿色水渍状大斑，严重时果实龟裂、腐烂。叶片上的病斑呈水渍状斑点，并带有黄色晕圈。幼苗被害后可导致叶片干枯，幼苗死亡。一般浅色皮瓜易感病。

(2)发病条件　病菌主要附着在种子和病株残体上越冬，种子带菌为主要侵染源。病菌随风、雨或灌溉水从植株气孔或伤口侵入。病菌在受害果实上大量繁殖扩展，造成再次侵染。高温是造成该病发生和蔓延的主要条件，空气相对湿度高于70%或降雨过多的年份或地区往往发病重。该菌在4℃～53℃范围内均可生长，适宜温度为28℃左右，该病属于种子传播性细菌病害，带菌种子是病害传播的主要途径，其次是土壤中的病株残体带菌，未腐熟的有机肥料带菌，因此常造成重茬地发病严重。

(3)防治方法

①加强检疫　严禁病区种子传入，田间发现病株应就地销毁。

②选用无病、抗病良种，并进行种子消毒　种子消毒可用40％甲醛100倍液浸种30分钟，或用次氯酸钠300倍液浸种30分钟，或100万单位硫酸链霉素500倍液浸种2小时。然后用清水冲洗干净，催芽、播种。

③农业防治　用无病土育苗，与非瓜类作物实行2年以上轮作。加强田间管理，及时排除田间积水，合理整枝，减少伤口，生长期及收获后清除病蔓、病叶，并深埋。

④药剂防治　发病初期，喷洒14％络氨铜水剂300倍液，或50％甲霜铜可湿性粉剂600倍液，或50％琥胶肥酸铜可湿性粉剂500倍液，或72％农用链霉素可溶性粉剂400倍液，1∶0.5～0.8∶200～240倍波尔多液等药剂，连续防治3～4次。

11. 如何识别与防治西瓜根结线虫病？

(1)发病症状　西瓜根结线虫病发生在根部，以侧根发病较多。在根部上产生许多根瘤状物（根结），根瘤大小不一，表面光滑，初为白色，后变成淡褐色。根结可以互相连接成念珠状，使一条根甚至大部分根系全变为根结。地上部植株轻者表现不明显，重者生长缓慢，植株发黄矮小，生长不良，结瓜少而小，甚至不结瓜，植株黄化，萎蔫枯死，此时易从地下拔出。剖开根结，病部组织有很小的乳白色线虫埋生于其中。

(2)发病条件　根结线虫主要在土壤中生存，以成虫、卵在根部病组织或幼虫在土壤中越冬。翌年，越冬的幼虫及越冬卵孵化的幼虫开始侵入寄主根部，刺激根部组织细胞增生，形成根结。线虫发育至4龄时交尾产卵。卵在根结里孵化，待发育到2龄时离开卵壳，进入土中再侵染或越冬。在土中的垂直分布，以深15～20厘米的耕作层分布较多。根结线虫主要以病土、病苗及灌溉水传播。线虫的发育适温为25℃～30℃，10℃以下停止活动，致死温度为55℃经10分钟。在地势高燥、土壤质地疏松、盐分低的情况下发病重，多年连作的地块发病也重。

(3)防治方法

①采用农业措施，进行综合防治　主要措施有：一是实行轮作。最好与水稻等作物轮作，勿与茄子、番茄、芹菜、莴苣、胡萝卜等蔬菜轮作，以免重复传播。二是深翻土地。把线虫多的表土翻到深层，减少病源。深翻后增施腐熟有机肥，如鸡粪、棉籽饼，不施用未腐熟的带线虫的有机肥。三是灌水杀灭。作物收获后，大水漫灌浸淹1个月，可杀灭线虫。四是清除病残体。收获后彻底清除病株残体根，加以烧毁。五是选用无线虫土育苗。混配的粪肥必须充分发酵后才能施用。六是高温高湿杀灭。采瓜后，夏季炎热季节，翻耕浇灌覆膜，晒5～7天，使膜下20～25厘米土层温度升高至45℃～48℃甚至50℃，加之高湿(空气相对湿度90%～99%)，杀线虫效果极好。此法操作简便，效果好，成本低。

②药剂防治　可选用杀线虫剂，如80%二氯异丙醚乳油90～170毫升/667平方米或10%克线磷颗粒剂3～5千克/667平方米，或98%～100%棉隆(必速灭)微粒剂3～4千克/667平方米，或10%克线丹颗粒剂1.5～3千克/667平方米，或5%甲基异柳磷颗粒剂1.5～2千克/667平方米。施药方法，请参照产品使用说明书，因杀线虫剂多为高毒农药，一定要注意安全使用。用50%辛硫磷乳油1000倍液或90%晶体敌百虫800倍液灌根，每株灌药液250～300毫升也有一定防治效果。

12. 如何识别与防治西瓜蚜虫为害?

(1)为害症状 以成虫或若虫群集在西瓜嫩叶的背面和嫩茎上吸食汁液。瓜苗嫩叶及生长点被害后,叶片卷缩,瓜苗萎蔫,甚至枯死。老叶受害不卷曲,但提前枯落,造成减产。蚜虫还传播病毒病,引起西瓜病毒病的大量发生。

(2)发生规律 瓜蚜1年可发生20余代,主要以卵越冬。在适宜的温、湿度条件下,瓜蚜每5～6天就可完成1代。每只雌蚜一生能繁殖50余头若蚜,繁殖速度非常之快。瓜蚜的发生与温、湿度密切相关。16℃～22℃是瓜蚜繁殖适温,温度在25℃以上、空气相对湿度超过75%时对其生殖不利。因此,干旱天气有利于蚜虫的发生。雨水可冲刷蚜虫,降低虫口密度。

(3)防治措施

①消灭虫源 早春铲除西瓜田间杂草,可以减少蚜虫数量。西瓜最好不与棉花等寄主作物相邻种植,以减少虫源。结合间苗和定苗,将有蚜苗拔除并带出田外深埋或沤肥。消灭保护地里冬季继续繁殖的蚜虫。

②及早防治 在田间发现蚜虫中心株时,应及时采用涂茎法或点片喷药法加以控制,严禁大面积乱喷药,以免对天敌造成伤害。涂茎法用40%乐果乳油10倍液。

③利用蚜虫的趋化性 用银灰膜或黑膜拒蚜防病,也可用黄色黏蚜纸,或黄盘涂机油以诱蚜和黏杀蚜虫。

④利用激素 可使用昆虫激素如昆虫保幼激素G或H阻止桃蚜产生有翅蚜,以防蚜虫迁飞传毒。

⑤保护和利用蚜虫天敌 如食蚜虻、瓢虫、寄生蜂等,不滥用农药。

⑥药剂防治 药剂防治应抓住有利时机。春天越冬卵孵化后,繁殖2～3代才产生有翅迁飞蚜,在此之前应喷药灭蚜。幼苗

期用40%乐果乳油1200倍液喷雾，成株用800～1000倍液喷雾，还可用2.5%溴氰菊酯乳油3000倍液喷雾。喷药时，叶片正、反面均要喷匀，以叶背面和幼嫩部分为重点。

13. 如何识别与防治西瓜红蜘蛛为害？

(1)为害症状 红蜘蛛以成螨群集在瓜叶背面吸食汁液进行为害。初受害叶片呈现黄白色小点，后变成淡红色小斑点，严重时斑点连成片，叶背面布满丝网，瓜叶黄萎逐渐焦枯，直至脱落，严重影响植株的生长发育。

(2)发生规律 红蜘蛛以雌螨在枯叶、土缝和杂草根部越冬。翌年日平均气温达6℃时开始活动、取食。在华北地区，红蜘蛛3～4月份开始为害植株，5～7月份为害最重，在大棚、温室内周年均可为害。红蜘蛛每年繁殖代数因气候条件而异，日平均气温在20℃以下时，完成1代需17天以上。红蜘蛛喜干旱，其繁殖最适空气相对湿度为35%～55%。所以，干旱年份有利于红蜘蛛的大发生。红蜘蛛主要靠爬行和风吹传播，流水和人、畜也可携带。

(3)防治方法

①农业防治 西瓜收完后彻底清洁田园，秋末和早春清除田边、路边、渠旁杂草及枯枝叶，结合冬耕冬灌，消灭越冬虫源。注意灌溉和合理施肥。

②药剂防治 及时加强虫情检查，当点片发生时即开始防治，全园发生时应全田喷药，可选用40%乐果乳剂1000倍液或20%三氯杀螨醇乳油800～1000倍液喷雾。喷药时要均匀，特别要注意叶背面。

14. 如何识别与防治西瓜种蝇为害？

(1)为害症状 种蝇为世界性害虫，主要为害西瓜幼苗。幼虫从下胚轴蛀入，由下向上为害，被害苗倒伏死亡，而后转株为害。

所以，在苗床上的幼苗有时表现成片被害。幼虫还能为害种芽，引起腐烂。

(2)发生规律 种蝇是1年多世代的害虫，以蛹或幼虫在土中越冬。翌年春羽化的成虫在粪肥或开花植物上进食，对腐烂发酵的气味有很强的趋性。卵期2～4天，土壤潮湿有利于孵化。幼虫共3龄，随温度升高幼虫期缩短。春天孵化后幼虫即钻入萌发的种子或幼苗内。幼苗老熟后，在寄生植株附近土中化蛹，蛹期随温度升高而缩短。

(3)防治方法

①农业防治 春季西瓜直播不可过早，可采用浸种催芽和提早覆盖地膜等措施以提高地温，尽量缩短种子在土壤里的发芽时间，减轻种蝇的为害。西瓜育苗制作营养钵时，培养土和拌入的有机肥料要用薄膜盖好，防止幼虫潜入土中或成虫在其上产卵。不要施未腐熟的粪肥，施肥要均匀、早施、深施，不要暴露于地面，以减少种蝇产卵。

②用糖酒液诱杀 按糖、醋、酒、水和90%敌百虫晶体3∶3∶1∶10∶0.6比例配成药液，放置在苗床附近诱杀种蝇成虫，并可根据诱杀量及雌、雄虫的比例预测成虫发生期，做到适时药剂防治。

③药剂防治 在种蝇发生初期可用90%敌百虫晶体800～1 000倍液或80%敌敌畏乳油1 000～1 500倍液灌根，也可用90%敌百虫晶体800～1 000倍液或80%敌敌畏乳油1 500倍液喷洒植株和根部周围，以杀死成虫和卵，以后每隔7～10天喷1次，连续用药2～3次为宜。

15. 如何识别与防治西瓜潜叶蝇为害？

(1)为害症状 幼虫在叶片内潜食叶肉，形成弯弯曲曲的潜道，老熟后在潜道末端化蛹，从而破坏叶片组织，影响光合作用，降低西瓜产量。

(2)发生规律 该虫属1年多世代害虫，发生代数由北向南逐渐增加，如东北1年发生5代，福建则多达13～15代。在北方以蛹越冬，在南方无固定越冬虫态。

(3)防治方法 在早春要及时清理田园，销毁受害叶片；当幼苗受害时，应立即用80%敌敌畏乳油2000倍液，或用90%敌百虫晶体1000～1500倍液喷雾。

16. 如何识别与防治西瓜黄守瓜为害?

(1)为害症状 成虫和幼虫均可为害。成虫咬食叶片成环形或半环形缺刻，严重时呈网状，还能咬断瓜苗，取食西瓜的花和幼瓜。幼虫在体内咬食瓜根或蛀入根内取食形成隧道，使植株枯萎，也能蛀入果实内为害，引起果实腐烂。

(2)发生规律 黄守瓜在我国北方1年发生1代，在南方1年发生2～4代。以成虫在背风向阳的杂草、落叶、土缝及秸秆堆内越冬。成虫在10℃以上时开始活动，待瓜苗长至3～4片真叶时，迁飞至瓜苗上为害。为害期很长，喜食叶片和花瓣。黄守瓜喜温好湿，中午活动最旺盛，夜间在瓜田附近的树木或杂草上栖息。叶片无露水时开始为害。20℃以上开始产卵，随温度升高产卵量增加。卵的孵化必须在空气相对湿度75%以上，否则不能孵化。幼虫期为3龄，生活于土中。幼虫的成活率与土壤质地有密切关系，以壤土为最适，黏土次之，沙土最次。老熟幼虫在土中化蛹，蛹期10天。7月下旬至8月下旬羽化为成虫，10月进入越冬期。

(3)防治方法 一是利用温床早育苗、早定植，避开成虫活动为害敏感期。二是与甘蓝、芹菜、莴苣等作物间作，可减轻对西瓜的为害。三是在成虫为害期，喷下列药物杀灭：90%敌百虫晶体1000倍液，或50%的敌敌畏乳油1000～1200倍液，或2.5%鱼藤精500倍液等。四是在瓜沟内撒入草木灰、稻糠、锯末、烟草末、麦颖等，防止成虫产卵。五是用下列药物灌根防治幼虫：90％敌百虫晶体1 500～2 000倍液、50％辛硫磷乳油1 000～1 500倍液、烟草40倍水浸出液。

17. 如何识别与防治西瓜蝼蛄为害？

(1)为害症状 蝼蛄主要生活在土中，以成虫、若虫为害作物。蝼蛄能在表土中窜隧道跑动，喜食刚萌芽的种子及幼根和嫩茎，同时造成地表隧道纵横，隧道通过处，种子不易发芽，或发芽后因土壤落干而死亡。

(2)发生规律 华北蝼蛄3年完成1代，以成虫或若虫在冻土层以下越冬，春末、夏初产卵孵化，当年以8～9龄若虫越冬，翌年以12～13龄若虫越冬，第三年秋羽化为成虫，第四年交尾产卵。非洲蝼蛄1年完成1代，以成虫或若虫越冬。

蝼蛄不管是成虫还是若虫都在夜间为害，以夜晚9～11时取食活动最盛。尤喜在轻度盐碱地活动并产卵。1～2龄群集，3龄以后分散。对灯光、黑光灯有强趋性。对有香味的发酵豆饼、麦麸、煮至半熟的马粪等有趋性。喜居在pH值7.5左右的河岸旁和菜园地等潮湿的环境里，10～20厘米深的土壤湿度在20％以上时，活动最盛，土壤湿度低于15％则活动减少。

(3)防治方法

①种子拌毒 用50％辛硫磷乳油，按西瓜种子重量的0.1％～0.2％拌种，或用瓜类种衣剂拌种。

②灯光诱杀 用灯光、黑光灯等诱杀或诱捕。

③毒饵诱杀 先将麦麸、豆饼等炒香，按饵料重量0.5％～1％的比例加入90％的敌百虫晶体制成毒饵。敌百虫晶体先用水溶化，再和麦麸、豆饼等拌匀，于傍晚前后撒在瓜地或苗床里，每667平方米撒2千克。

18. 如何识别与防治西瓜茶黄螨为害？

(1)为害症状 西瓜植株受茶黄螨为害后的症状与西瓜病毒病症状相似，但受害部位呈黄褐色或灰褐色，并具有油状光泽或呈油浸状，叶片边缘向叶背面卷曲。嫩茎受害后扭曲变形，重者顶部干枯，严重影响植株的生长。花蕾受害后不能正常发育开放。果实被害时，瓜柄及瓜皮变为黄褐色，木栓化。仔细观察受害部位，可见比针尖还小的黄白色小点在移动。

(2)发生规律 茶黄螨主要以成螨越冬，在大棚、温室中可周年为害。茶黄螨生长的适宜温度为18℃～23℃，高温不利于其繁殖，茶黄螨喜植株幼嫩部分，多栖息于嫩叶背面，发生严重时也为害幼瓜。

(3)防治方法 主要采用药剂防治。发现茶黄螨为害后，应及时用20%的三氯杀螨醇乳油800～1000倍液，或73%的克螨特乳油1000倍液，或25%的灭螨猛可湿性粉剂1000～1500倍液喷雾，重点喷洒植株的幼嫩部位。在温室和塑料大棚内，还可用硫黄粉掺锯末点火熏烟来防治，熏烟时须将大棚封闭，一般1个约330平方米的大棚需硫黄粉0.6千克左右。

19. 如何识别与防治西瓜温室白粉虱为害？

(1)为害症状 白粉虱为害时，以成虫和若虫吸取西瓜叶片的汁液，使叶片生长受阻变黄，甚至全株枯死。成虫和若虫排出的蜜露污染叶片会导致煤污病，影响叶片的光合作用和呼吸作用，造成叶片和瓜苗萎蔫，甚至死亡。白粉虱为害还会传播病毒病。

(2)发生规律 在北方温室和大棚栽培的条件下，1年可发生10余代，以各虫态在温室内寄主上越冬并继续为害，冬季在室外不能存活。白粉虱繁殖的适温为18℃～21℃，在24℃时，约25天繁殖1代，其中卵期7天，1龄若虫5天，2龄若虫2天，3龄若虫3

天，伪蛹 8 天。成虫寿命 12～59 天。成虫有趋黄习性。

(3)防治方法

①消灭温室虫源　新建的温室、大棚要防治白粉虱的传染，通风口应设置防虫网阻止白粉虱的迁入。旧的温室、大棚在种植西瓜之前用 22%的敌敌畏烟剂熏烟消灭虫源，每 667 平方米用量为 400～500 克，密闭 3 小时，需连续熏 2～3 次。

②注意栽培方式　避免西瓜与其他瓜类作物、茄子和豆类作物混种。

③黄板诱杀　黄板可用硬纸板、木板或纤维板裁成宽 20 厘米的长条，涂上橙黄色的油漆，再涂一层黏油，将其置于西瓜行间使之与植株等高，每 667 平方米放置 30～40 块，诱杀成虫。

④释放天敌昆虫　繁殖和释放白粉虱的天敌丽蚜小蜂，可以寄生杀死白粉虱。

⑤药剂防治　用 10%扑虱灵乳油 1 000 倍液喷雾，对白粉虱有特效，使白粉虱在蜕皮时死去，并对其产卵和卵孵化有抑制作用，扑虱灵是一种新合成的生长调节剂，其持效期长达 20～30 天，对天敌和益虫无明显的不良影响。也可用 25%灭螨猛乳油 1 000 倍液，或 2.5%天王星乳油 3 000 倍液，或 20%灭扫利乳油 2 000 倍液喷雾。

20. 如何识别与防治西瓜地老虎为害？

(1)为害症状　地老虎是杂食性害虫，以幼虫为害，咬断西瓜幼苗近地面的茎，造成缺苗断垄。春季为害最重，夏、秋季也有为害。

(2)发生规律　小地老虎 1 年发生 2～7 代，在各地表现不一。随纬度降低而代数增加。越冬虫态亦因地区而异，有的地区以老熟幼虫或成虫和蛹越冬；有的地区则可终年繁殖，无越冬现象；而在北纬 33°以北地区则尚未查到越冬虫态。黄地老虎在西北地区

1年发生2～3代，在华北发生3～4代，越冬虫态各地亦不同，如山东以2～5龄幼虫为主，西北以老熟幼虫为主。成虫羽化后2～4天开始交尾，并开始在湿润的土表和矮小的植物上产卵。卵散生或3～5粒成堆。卵期长短决定于温度高低。

(3)防治方法 ①深翻土地。深翻可破坏地老虎的越冬环境，冻死幼虫。早春清洁田园，铲除杂草，减少产卵场所，并能减少幼虫早期食料来源。②药剂防治。地老虎发生严重的地块，在幼虫3龄前喷洒2.5%的敌百虫粉剂，每667平方米2～3千克。用以下毒土的，每667平方米20～25千克，对低龄及大龄幼虫都有效：2.5%溴氰菊酯乳油毒土1∶2 000(药∶土或沙)；20%杀灭菊酯乳油1∶2 000；75%辛硫磷乳油1∶300。喷洒药剂有：50%辛硫磷乳油1 500倍液、2.5%溴氰菊酯乳油3 000倍液、50%敌敌畏乳油2 000倍液。也可用50%辛硫磷乳油2 000倍液药剂灌根。③用黑光灯或糖酒醋液(糖3∶酒1∶醋4∶水2∶90%敌百虫0.25)诱杀成虫。

21. 西瓜田如何进行杂草综合防治?

西瓜田杂草不但会大量消耗土壤中的养分和水分，而且直接妨碍瓜苗的生长；中后期的杂草不仅造成收获上的困难，而且与瓜苗争光、争水，影响光照和空气流通，恶化西瓜的生长条件，同时很多杂草是瓜类病虫害的中间寄主。所以，瓜田杂草对西瓜的生长极为不利，必须进行综合防治。

(1)翻耕和轮作 秋收后准备翌年种瓜的地块，可在封冻前进行深耕。一般要求深耕25～30厘米，这样可把当年落地的草籽翻埋到土壤深层，使其不能萌发；地下繁殖的根茎被翻到地面上，会受冻晒而死。深耕后还可人工捡拾杂草的繁殖器官，以减少杂草发生。早春实行浅耕整地，诱发杂草早出苗，以便集中铲除。

轮作也是综合防除杂草的重要措施。因此，选择瓜田除严格避免重茬外，应选择适宜的茬口进行合理轮作。一般西瓜可以和玉米、棉花等作物轮作，有条件的地方也可与水稻轮作，这样不仅可以防除一部分杂草，而且可以减少瓜类病害的发生。

(2)中耕除草 中耕除草是综合防除杂草的中心环节，也是传统除草的基本方法。中耕不仅可以疏松土壤，调节土壤中的水分、空气和提高地温，有利于根系发育和促进瓜苗生长，而且对1年生杂草有良好的防除效果，避免了杂草和西瓜争光、争水、争肥而影响瓜的生长。

瓜田的杂草种类多，发芽出土时间不一致，就是同种杂草的种子也因存在的条件不同，出土也有早有晚，所以中耕除草要进行多次。一般在瓜苗期要集中力量中耕2～3次，以消灭瓜田杂草。

(3)覆盖地膜抑制杂草的发生 地膜覆盖除草，以黑膜的效果为好，但黑膜影响早春土壤温度上升，生产上使用得不多。用透明膜覆盖，如覆盖的质量高，畦面平整，膜紧贴地面，在膜下形成一个高温的小气候，对杂草也有一定的高温杀灭效果。

(4)使用除草剂除草 传统的中耕除草方法很费工，在西瓜大面积栽培时，为节省用工，可使用化学的方法进行除草。由于西瓜对除草剂的反应十分敏感，在药剂的选择、用药量、使用方法等方面应十分慎重，在没有充分把握的情况下，应通过试验后再大面积应用。现将常用的几种除草剂使用方法介绍如下。

①氟乐灵 48%氟乐灵乳油为非选择性除草剂，对水后地面处理可有效防除双子叶和单子叶杂草。播种或定植前进行土壤处理的方法是在地面整平后，每667平方米用氟乐灵75～125毫升，对水40～50升，均匀喷雾，并随即耙地，使药剂均匀混入5厘米深的土层中，然后播种或定植。播种或定植后进行土壤处理的方法是先行中耕松土，除去已有杂草，然后用75～100毫升氟乐灵，对水50升，对地面喷洒，然后立即耙土拌药，使药混入土中。地膜覆盖西瓜使用方法是用氟乐灵50～100毫升，对水50升，均匀喷洒，

喷后立即耙地拌土，2天后再播种和覆盖地膜，除草效果更好。氟乐灵土壤处理应注意用药量正确，否则会对西瓜产生药害。氟乐灵见光易分解，必须随喷布随耙土混药，否则影响除草药效。西瓜与小麦、玉米等禾本科作物间、套种时，不能使用氟乐灵，否则会伤及间、套作物，发生药害。

②除草醚　除草醚为含26％有效成分的可湿性粉剂，是一种触杀性除草剂，可以杀死各种1年生杂草，药效可保持20～30天。除草醚的使用方法是，露地栽培时，每667平方米用除草醚500克，先用少量清水将除草醚调成糊状，然后使总水量达到75升，用喷雾器均匀地喷洒瓜田地面。地膜覆盖栽培时，每667平方米用药200～250克，加水25～30升，在大田定植前均匀喷洒在土壤表面，然后覆膜定植。除草醚使用效果与土壤温、湿度有关，以温度20℃以上，空气相对湿度80％以上时，除草效果较好。

③稳杀得　稳杀得有两种剂型，一种是35％乳油，另一种是15％精稳杀得乳油。稳杀得是选择性除草剂，主要是杀死单子叶杂草，而对西瓜安全，故可在生长期间使用，使用的方法是在禾本科杂草2～5叶期，每667平方米用精稳杀得乳油75毫升，加水25～30升喷洒，施药后1周，杂草即枯黄。

④杀草净　以46.1％杀草净胶悬剂每667平方米分别施用80毫升、120毫升、160毫升做试验，用每667平方米125毫升氟乐灵作对照。使用方法是人工除草后，按每667平方米用50升配制好药液喷布畦面，然后播种覆盖地膜，播种后3周调查除草效果。结果表明，杀草净除草效果随用量的增加而提高，杀草净比氟乐灵的防效有增加趋势。翌年采用同一试验方案，采取先播种再喷药覆膜重复试验表明，杀草净80毫升、120毫升、160毫升的除草效果分别为80.1％，84.5％，88.7％，氟乐灵为85％。以上试验结果表明，每667平方米用80～160毫升杀草效果均好，在播种前或播种后使用覆盖地膜均较安全。

22. 西瓜非侵染性病害的种类和预防措施有哪些?

随着西瓜种植方式增多,种植范围扩大,西瓜的生理性病害日益增多。生理性病害分为侵染性病害和非侵染性病害两大类。侵染性病害是指由病原菌引起的病害,具有传染的特性;非侵染性病害是指由环境条件不适宜引起的生理失调性病害,不具有传染的特性。现将西瓜常见的非侵染性病害及其预防方法介绍如下。

(1)急性萎蔫症

①发生症状及原因　西瓜收获前10～15天,连续阴天后骤晴,植株中午萎蔫,早晚恢复,经过3～4天反复,植株枯死。严重时没有反复过程植株便可枯死,坐瓜多时易发生急性萎蔫症。该病与传染性枯萎病的区别在于根颈维管束不发生褐变,发生时期在坐瓜前后,在连续阴雨弱光条件下容易发生。坐瓜少或用南瓜作砧木发生急性萎蔫少。通常是根系缺乏足够营养物质而导致根系生活力弱,茎叶却又生长急剧,二者不协调导致急性萎蔫症发生。

②预防措施　在苗期加强土壤和水分管理,使根系强壮并具有旺盛活力,为后期果实生长做好准备,则可避免急性萎蔫症的发生。

(2)疯　长

①发生症状及原因　土壤中氮素过多、水分过多或坐瓜不良时植株便会长得茎粗、叶大、植株顶端翘起等,生长过于旺盛即为疯长。疯长植株不易坐瓜。塑料大棚西瓜出现疯长时,叶柄伸长,叶片变薄。

②预防措施　西瓜坐瓜以前植株茎叶极易徒长,一定要通过降低土壤水分来控制,坐瓜后才能浇水。果实本身生长是抑制疯长的有效措施。已出现疯长时,尽量少浇水,摘掉部分侧枝,使其余茎叶尽量见光,或切断部分根系。

(3)自封顶症

①发生症状及原因　育苗时常出现生长点退化,成为只有子

叶或只有1～2片真叶而没有生长点的自封顶苗。症状较轻时过一段时间还能长出侧枝。种子陈旧或苗床温度低、生长点附近凝结水珠及南瓜作砧木时易发生自封顶现象。嫁接后苗床长时间处于17℃以下，嫁接时接穗苗龄小易出现自封顶苗。

②预防措施　提高苗床温度，培养根系健壮幼苗，苗床适宜温度17℃～23℃。设法降低育苗设施内的空气湿度，此外嫁接时应用子叶完全展开的幼苗作接穗。

(4)叶枯症

①发生症状及原因　多在西瓜收获前10～15天发生。在坐瓜多或长势下降的植株坐瓜节位及附近叶片的叶脉间产生黑褐色斑点，逐渐扩大到全叶，叶片上卷而枯死。坐瓜节位与苗端之间的叶片易发生叶枯症，严重时下部叶片也会发生，没有坐瓜或坐瓜不良的植株也会出现叶枯症。

②预防措施　在土壤中注意施镁，或坐瓜前每隔5～7天叶面喷施0.5%硫酸镁溶液。适当浇水，提高对镁的吸收利用也是预防措施之一。

(5)畸形瓜

①发生症状及原因　西瓜果实发育过程中产生一些形状不正常的果实，如扁形瓜、尖嘴瓜、葫芦形瓜、偏头畸形瓜、棱角瓜(无籽西瓜较为多见)等。畸形瓜是由于子房发育不良，授粉不均匀，或受精不良引起果实各部位发育不均衡所产生的形状不正瓜；低节位坐瓜易引起扁平瓜。高节位坐瓜易引起窄肩瓜；干旱易产生葫芦瓜；整瓜太晚也会导致瓜形不正。

②预防措施　在雌花发育过程中田间通风透光要好，避免温度过高或过低，尽量使授粉温度在15℃以上，而且授粉要均匀，选第二或第三雌花坐瓜，在生长过程中要进行翻瓜、垫瓜等农事操作，摘去畸形幼瓜。此外，还要尽量适时采收。

(6)空洞瓜

①发生症状及原因　西瓜内部出现开裂、缝隙、空洞等为空洞瓜。有些品种易出现空洞瓜，或在低节位坐瓜、氮素多而旺长，或坐瓜不良叶面积多的情况下易出现空洞瓜。主要原因是植株养分积累过多。三倍体无籽西瓜生长势旺，发生空洞瓜较为多见。

②预防措施　选择适宜品种，采用适宜的栽培管理方法，合理留瓜，膨瓜后及时疏除植株基部的无效蔓。

(7)裂　瓜

①发生原因　果实膨大期遇低温而停止生长，低温过后果实急剧恢复生长引起裂瓜；膨瓜后期土壤水分不均匀，土壤干而骤湿，致使果实迅速膨大而裂瓜；瓜皮薄的品种及扁形瓜易裂瓜。裂瓜一般从花朵痕部首先开裂。

②预防措施　通过盖膜或改良浇水技术而避免土壤水分和土壤温度急剧变化，保护地种植时尽量避免低温。浇水要小水勤浇、不可大水漫灌，以免浇水前后的土壤含水量差异过大。高温期要于清晨或傍晚地温低时浇水，不要在温度较高的中午浇水，以免浇水后根系大量吸收水分，供水太快、太多而发生裂瓜。雨后要及时排水。西瓜定形后要停止浇水。此外，品种选择时注意选择抗裂品种。

(8)黄　带

①发生症状及原因　将西瓜纵向切开，从顶端花痕部到瓜柄部的维管束成为发达的纤维质带通常多为白色，严重时呈黄色。一般而言，坐瓜过晚，在果实成熟过程中遇低温或叶片受损，或南瓜作砧木时易出现黄带。有黄带的果实糖度低，瓤质差。黄带是从茎叶向果实运送营养物质不足或运输受阻，使果实成熟时仍保留发达的维管束所致。

②预防措施　用整枝和保护茎叶等方法来保证果实生长期内有足够的营养。

23. 如何识别与防治设施西瓜萎蔫型病害?

西瓜设施栽培时常常出现萎蔫症状,严重的导致植株死亡。近几年,随着设施西瓜面积的增加,萎蔫型病害有逐年加重的趋势,从而影响到西瓜的产量。由于一些萎蔫型病害症状相类似,瓜农有时难以区分,不能对症下药,以至延误防治适期,造成了不必要的经济损失。现将设施西瓜较为常见的几种萎蔫型病害的症状及防治方法介绍如下,一方面是指导瓜农如何识别,另一方面是让瓜农学会如何分析识别西瓜生长过程中的异常现象,并运用之前所学到的知识进行防治。

(1)沤　根

①症状识别　沤根是西瓜幼苗期和伸蔓前期常见的一种生理性病害,主要危害植株根部或根茎部。其症状是根部不发新根或不定根,根皮变褐后腐烂;叶片变薄,呈黄绿色或乳黄色,叶缘焦枯,地上部萎蔫,叶缘焦枯严重时,成片干枯,似缺素症。子叶期出现沤根,子叶焦枯;真叶期沤根,真叶焦枯。病苗容易拔起,没有根毛,主根和须根变褐腐烂。剖茎观察茎基部维管束不变色,也分离不出枯萎病菌。

②发生原因　一是幼苗期和伸蔓前期西瓜长期处于5℃～6℃低温尤其夜间低温条件下,生长点停止生长,老叶边缘逐渐变褐,导致植株干枯死亡。二是地温持续低于12℃,再加上土壤水分多、遇连续阴雨天气,植株会出现萎蔫,萎蔫持续时间长,就会出现沤根现象。凡出现沤根的植株一遇晴天,白天棚内气温高,叶片蒸腾作用强,根系吸不上足够水分和营养,就导致叶片突然萎蔫,严重时全株死亡。

③防治方法　一是培育壮苗。苗床选在地势较高、背风向阳、排水方便的地方,采用地热线、穴盘、营养钵等设施培育壮苗。二是加强苗床管理。苗床温度控制在20℃～30℃,夜间地温保持在

16℃以上，并做好苗床保温工作，防止冷风吹入。注意通风换气，实行小水浇，防止苗床湿度过大。三是深沟排水。四周边沟深至50～80厘米，防止田间水分过多。四是通风降湿。天气转晴，适当通风降湿，尤其是比较潮湿的田块天晴时要掀去一部分地膜通风，以降低地表湿度。

(2)根腐病

①症状识别　根腐病主要危害西瓜根和茎基部，很少危害茎蔓。西瓜播种后有的未出土即在土中烂种烂芽。出土后瓜苗在子叶期地上部出现萎蔫，拔出病根可见根尖呈黄色或黄褐色腐烂，严重时蔓延至全根，致地上部枯死。移栽后，植株发病，初呈水渍状，后呈浅褐色至深褐色腐烂，病部不缢缩，其维管束变褐色，但不向上扩展，可与枯萎病相区别，后期病部组织破碎，仅留丝状维管束。受害茎蔓初期蔓尖微卷上翘，生长缓慢，最后全株叶片中午萎蔫，早晚恢复，逐渐枯死。

②发生原因　西瓜根腐病是茄孢镰刀菌侵染所致的一种真菌性病害。病菌以菌丝体、厚垣孢子或菌核在土壤中或病残体上越冬。其厚垣孢子在土中可存活5年以上，成为翌年主要初侵染源。病菌从根部伤口侵入，后在病部产生分生孢子，借雨水或灌溉水传播蔓延，进行再侵染。低温、高湿有利于发病。连作地、黏土地、盐碱地、低洼地发病重；晴天、少雨病害发展慢，危害轻；阴雨天或浇水后，病害发展快，危害重。2～3月份为设施西瓜根腐病的始发期，3月中下旬至4月中下旬为发病盛期，发病率在10%以上，高者达94.4%。

③防治方法　一是高畦栽培。选择地势较高的田块，高畦栽培，畦面高25厘米以上。二是土壤消毒。移栽前用50%多菌灵可湿性粉剂500倍液或70%代森锰锌可湿性粉剂1 000倍液喷雾进行土壤消毒处理。三是及时防治。发病初期，用50%甲基托布津可湿性粉剂600倍液，或50%多菌灵可湿性粉剂500倍液，或

77%可杀得可湿性粉剂500倍液喷雾。发病严重时，用50%扑海因可湿性粉剂1 000倍液加70%代森锰锌可湿性粉剂1 000倍液灌根。

(3)枯萎病　症状、发病原因及防治方法见本章第一问。

(4)根结线虫病　症状、发病原因及防治方法见本章第十一问。

参考文献

[1] 中国农业科学院郑州果树研究所．中国西瓜甜瓜．北京:中国农业出版社,2000.

[2] 刘君璞,马跃．西瓜栽培二百题．北京:中国农业出版社,2000.

[3] 俞正旺,那丽．西瓜优良品种及关键栽培技术．北京:中国三峡出版社,2006.

[4] 俞正旺．优质高档西瓜生产技术．郑州:中原农民出版社,2003.

[5] 郑高飞,张志发．中国西瓜生产实用技术．北京:科学出版社,2004.

[6] 黄学森,尹文山,谭素英．西瓜、甜瓜优质高产技术问答．北京:科学普及出版社,1993.

[7] 全国无籽西瓜科研协作组．无籽西瓜栽培与育种．北京:中国农业出版社,2001.

[8] 刘君璞,徐永阳．无籽西瓜优质高产栽培技术．郑州:中原农民出版社,1997.

[9] 孙小武,等。精品瓜优质高效栽培技术．北京:金盾出版社,2001.

[10] 徐志红,王坚．怎样选用优良西瓜品种和选购优质种子．中国西瓜甜瓜,2002(4):50-51.

[11] 张斌让,等．西瓜苗期生理性病害发生的原因及防治措施．陕西农业科学,2008(3):223.

[12] 朱军．大棚西瓜苗期病害的诊断与防治．安徽农学通报,2008,14(06):60.

[13] 陈刚明,周建业．西瓜空心的主要因素及其防治对策．安徽农学通报,2008,14(02):62.

[14] 杜正林,孙传军．西瓜化瓜的预防措施．西北园艺,2004(03):31-32.

[15] 李静,朱平．利用西瓜汁合成细菌纤维素的研究．生物技术通报,2008(2):158-162.

[16] 张子鹏．大棚西瓜肉质恶变的发生原因及防治方法．蔬菜,2008(3):20-21.

[17] 阎志红．我国西瓜间套作栽培现状与趋势．长江蔬菜,2007(8):37-39.

[18] 王正芳,孙常萍,等．大棚西瓜、蔬菜4作4收高效栽培模式．山东蔬菜,2006(1):36.

[19] 刘仁遵．西瓜非侵染性病害的预防措施．农技服务,2008,25(3):46,95.

[20] 赵春兰,高治文．温室西瓜生理性病害的识别与防治．西北园艺蔬菜,2007(5):34-35.

[21] 林燚．设施西瓜萎蔫型病害的识别与防治．中国瓜菜,2008(1):35-36.